隨便煮煮就好吃，美味秒殺！

瘋玩鑄鐵鍋

范家菘
SungKing

方舟文化

CONTENTS 目次

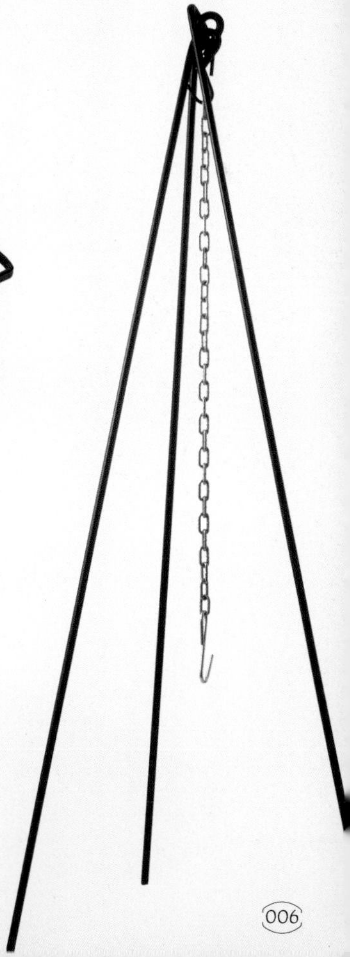

CHAPTER.5

CHAPTER.6

為戶外生活樂趣加分

首先，先恭喜家菘先生的新書順利出版。

我與家菘先生第一次見面是在2014年4月的Snow Peak Way。至今我還無法忘懷他認真地向我詢問許多有關鑄鐵鍋問題的那份熱忱。

當我知道家菘先生要出版這本書時，我真的替他感到非常高興。

我深信，當您閱讀這本書時，你將會了解鑄鐵鍋的魅力所在。

當您與親朋好友們至各地露營時，請務必帶著鑄鐵鍋，同時希望您在家中也能多多使用鑄鐵鍋來料理，應該能為您的戶外活動帶來更美好的回憶。

我們誠心期望，透過瘋玩鑄鐵鍋，能給台灣的大家帶來更豐富的戶外生活樂趣。

Keikosugi

Snow Peak　小杉

この度は本のご出版おめでとうございます。

著者の家菘さんとは２０１４年４月のSPWで初めてお会いしました。熱心に私たちのダッチオーブンのことについて質問されたのを今でも鮮明に覚えています。

この本を出版するということを聞き、大変うれしく思っています。

この本を読むことで、私たちスノーピークが作るダッチオーブンの魅力がお分かりいただけると思います。

是非スノーピークのダッチオーブンをみなさんと一緒にたくさんのキャンプ場へ連れて行ってあげてください。また、是非ご家庭でも積極的に使ってみてください。

ダッチオーブンがアウトドアの思い出をさらに華やかなものに変えてくれるはずです。

私たちスノーピークのダッチオーブンを通して、台湾のみなさんの outdoor lifestyle がもっと豊かなものになることをお祈りします。

Keikosugi

スノーピーク 小杉

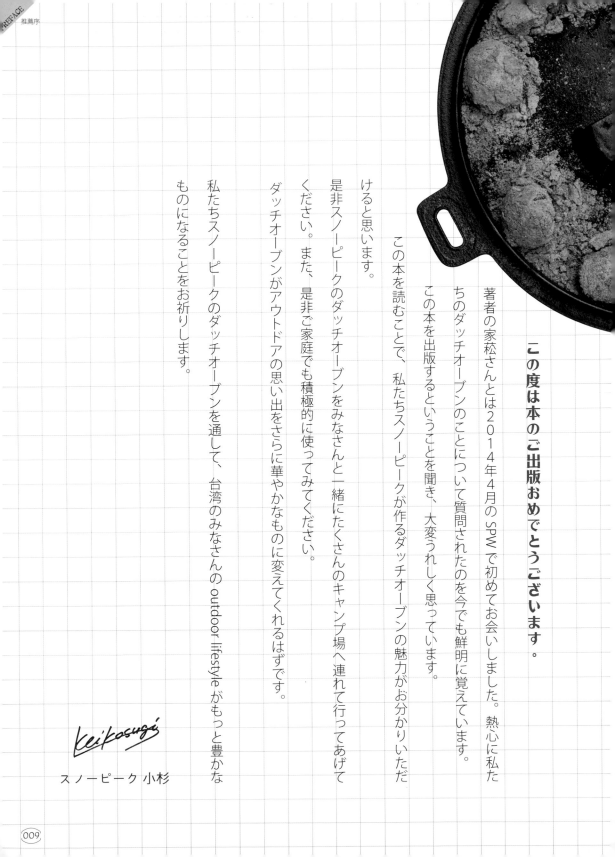

鑄鐵鍋，一玩上癮

完成這本書對我來說真的是費盡心力，字字句句銖累寸積，對鑄鐵鍋（荷蘭鍋）產生興趣純屬偶然。本來只是和家人朋友在假日時到郊外露營，時間久了難免想要有些變化，所以好奇到 YouTube 上看看國外的人怎麼玩露營，無意間看到美國人及日本人，利用一種特別的黑鍋野炊，有時大小鍋互疊，中間還夾放著燃燒的木炭，甚至將鍋蓋翻過來煎蛋，讓我驚為天人，原來野炊能有這樣的玩法！心想那個黑黑的鍋我好像曾經在戶外用品店看過，我的好奇心持續強烈發酵，內心充滿許多疑問，為什麼它叫荷蘭鍋？為什麼黑漆漆的？鑄鐵材質又是什麼特色？腦袋中一連串問號，卻找不到滿意解答。記得 2011 年當時網路對於露營的討論並不興盛，更別說荷蘭鍋了，能在網路上找到或關鍵字搜尋到的資訊非常有限。國內網站上只見寥寥幾位用心的美食前輩分享。其他多為鍋具的簡略開箱文，內容對於荷蘭鍋的介紹只是輕描淡寫，對於如何選擇與操作使用的說明實為少見。除了常見鑄鐵鍋食譜以外，當時市面上的書籍也只找得到一本出版十多年的日文翻譯書《暢快痛吃 BarBQ 戶外燒烤大餐》，文中雖然有提到荷蘭鍋如何使用，但卻也只有短短三頁。

心裡想玩的念頭蠢蠢欲動，但又不想花大錢繳學費走太多冤枉路，只好發揮龜毛兔角的性格，卯起來做功課，在歐美、日本的網站上慢慢爬文、收集資訊，後來因緣際會因工作關係與戶外相關產業接觸，近水樓台向許多行家討教。並參考其他延伸相關書籍，花費數月拜讀，在研究的過程中，也一點一滴將這些作業心得消化整理，在網路上與同好分享，希望大家別像我這樣起頭難。

經歷數個月的研究與實地操作，2012年9月份我將這些經驗彙整出一篇網路文章〈「露營」淺談你不知道的荷蘭鍋〉發表在Mobile01，受到一些注目，截至目前2019年修訂第二版已有九十多萬人氣。當年接到方舟文化來電詢問出書意願，心情實際上是有點複雜，憂喜參半，當然開心自己努力的成果有人肯定，但我的正職工作十分忙碌，不知道能不能勝任這項任務。

一開始我只是單純喜歡露營、熱愛美食，加上好奇心驅使，總總發展有點超乎預期，也促成本書誕生。我的初衷如一，只是熱血地希望將自己的經驗分享給大家，將自己在露營野炊中得到的樂趣感染給身邊周遭的人，讓大家的露營伙食不再只是單調的火鍋煮麵。

很多朋友問為什麼我在 Mobile01 上的帳號要叫國王？單純只是無心插柳罷了，相信許多人在為網路帳號命名也絞盡過腦汁。我過去總是默默當個潛水客，等到要正式註冊身份時就很傷腦筋，當然我想不如用自己名字的「菘」來起頭發音，光用拼音「Sung」很單薄無力，剛好 HBO 前一刻才重播完〈King Kong 金剛〉，靈機一動就想不如添上「King」好了，聽起來很威。又突然想想我的個性沒這麼野，總不能貼隻野獸來嚇人，拜 Google 所賜立馬挖到中世紀〈西元 1166-1216 年〉英格蘭「King John 約翰王」木刻版畫，比起野獸似乎有些文明感，就決定是它了！必須承認這張約翰國王，已豎立了某種程度上的形象意義，所以一直沿用至今。

既然要整理成書，我也順勢將一些舊文的謬誤修正，增加新的篇幅，在每天緊張的工作下班後，利用假日甚至家人都已休息的夜闌人靜中撰寫，耗費超過半年時間，不斷修訂、增文、查找、校對、採訪、實作等。紮紮實實地介紹了選鍋、用鍋的祕訣，帶大家從東西方歷史認識鑄鐵鍋、介紹製程技術、家用琺瑯鍋與戶外荷蘭鍋的差異、平常如何保養，還有我自己平常最愛的15道鑄鐵鍋料理教學。

這本書能完成要感謝總總前人的所有研究文獻耕耘、Mobile01創立人蔣叡勝站長、方舟文化的陳毓葳主編、幕後製作團隊的努力、對日本文化充滿腔熱血的死黨黃任賢、協助裝備的好兄弟林立仁、還有不厭其煩接受我疲勞轟炸連珠炮採訪的各大廠商，Le Creuset 台灣分公司、大豐企業、雙人牌台灣子公司、MAGIC 美極客鑄鐵鍋 創辦人 - 何凱文先生、日本株式会社スノーピーク Snow Peak Japan 企画本部長 - 小杉敬先生、日商雪諾必克台灣分公司 Snow Peak Taiwan 行銷 -Alvin 陳翰林先生、Snow Peak Taiwan 日文翻譯 - 羅家妤小姐、Snow Peak Store 桃源戶外逢甲店 駐店 -Peggy 楊珮玟小姐，還有網路上露友們的互動支持與鼓勵，有了大家的鼎力協助才得以完成這本書，希望所有讀了這本書的人，都能獲得想要的幫助，非常謝謝大家。

范家菘

本書獻給每一位鑄鐵料理人，祝福您的佳餚都能以愛溫暖人心。

「鑄鐵鍋」與「荷蘭鍋」其實字意上是同屬稱呼，有如同運動鞋與籃球鞋的差別，只是一個統稱涵蓋廣、另一個已被區分用途別，然而鑄鐵食器在世界各地文化上亦有不同發展，造就外觀及名稱上可能不盡相同，但是材質卻同樣都是從「鐵礦」而來、功能也同樣烹飪之用。而居家廚房常見的彩色鑄鐵因為外表上了一層保護釉料，則稱之為「琺瑯鍋」同樣用材都有鑄鐵。

也許你沒有注意到，我們日常生活中很常見到鑄鐵食器的蹤影，像是牛排館墊在木製盤上的那塊炙熱鐵板、日本鍋燒鐵器等等，其優異的蓄熱能力，讓美食端到客人面前可以依然保持熱騰騰，這就是鑄鐵食器的優點之一。

CHAPTER.1

鑄鐵鍋、荷蘭鍋、琺瑯鍋到底有什麼分別？

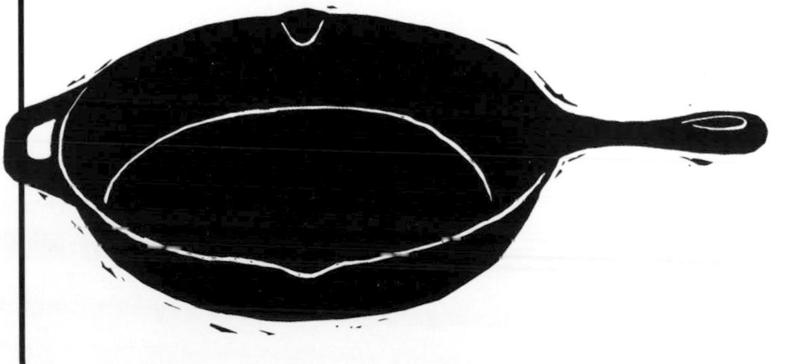

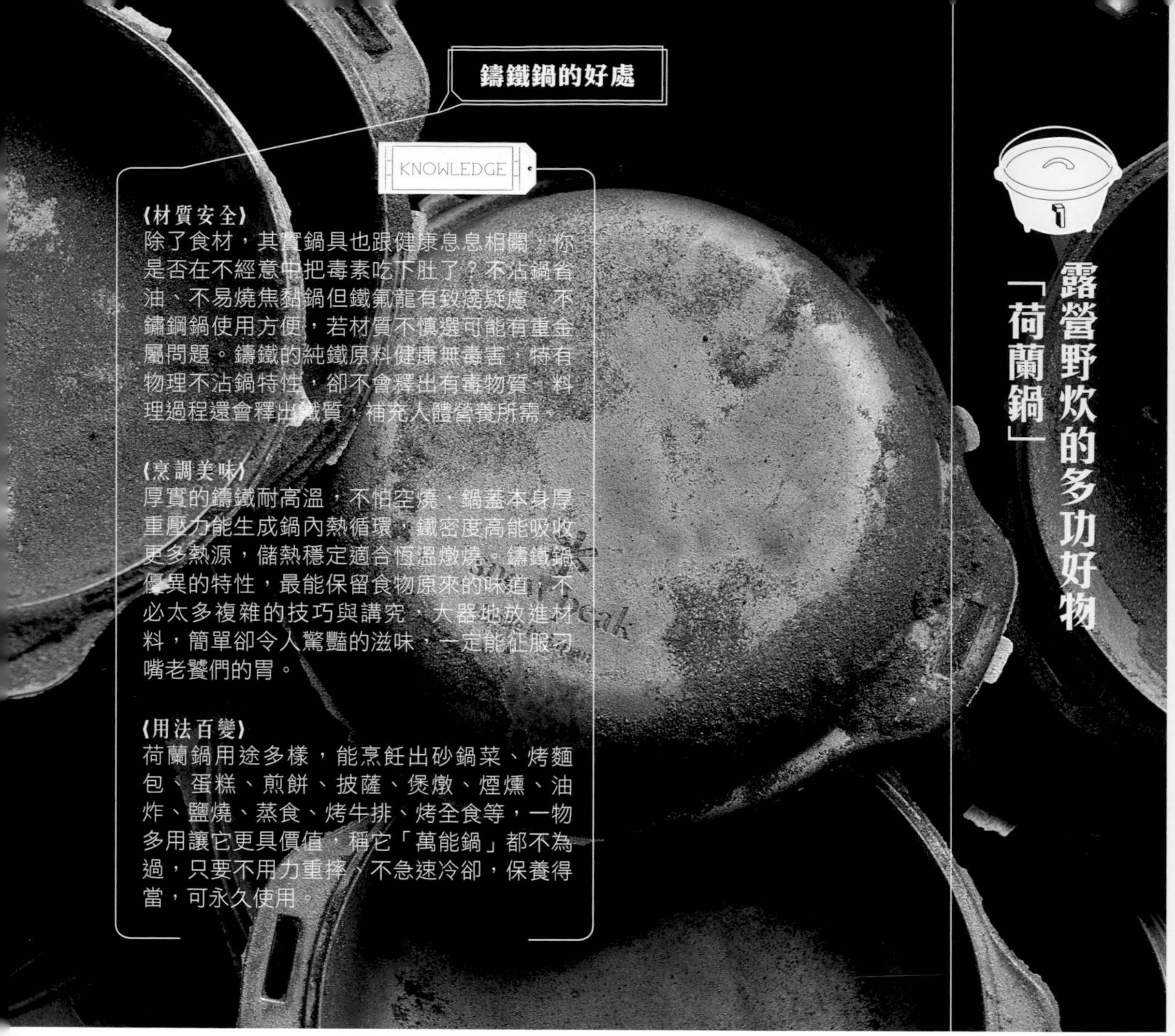

露營野炊的多功好物「荷蘭鍋」

鑄鐵鍋的好處

KNOWLEDGE

《材質安全》

除了食材，其實鍋具也跟健康息息相關，你是否在不經意中把毒素吃下肚了？不沾鍋省油、不易燒焦黏鍋但鐵氟龍有致癌疑慮。不鏽鋼鍋使用方便，若材質不慎選可能有重金屬問題。鑄鐵的純鐵原料健康無毒害，特有物理不沾鍋特性，卻不會釋出有毒物質，料理過程還會釋出鐵質，補充人體營養所需。

《烹調美味》

厚實的鑄鐵耐高溫，不怕空燒，鍋蓋本身厚重壓力能生成鍋內熱循環，鐵密度高能吸收更多熱源，儲熱穩定適合恆溫燉燒。鑄鐵鍋優異的特性，最能保留食物原來的味道，不必太多複雜的技巧與講究，大器地放進材料，簡單卻令人驚豔的滋味，一定能征服刁嘴老饕們的胃。

《用法百變》

荷蘭鍋用途多樣，能烹飪出砂鍋菜、烤麵包、蛋糕、煎餅、披薩、煲燉、煙燻、油炸、鹽燒、蒸食、烤牛排、烤全食等，一物多用讓它更具價值，稱它「萬能鍋」都不為過，只要不用力重摔、不急速冷卻，保養得當，可永久使用。

鑄鐵鍋在市面上略分二大類，有「琺瑯完整包覆著鑄鐵」與「無琺瑯的完全鑄鐵」，前者琺瑯鍋容易保養不生鏽，卻嬌貴不耐撞、也不太適合乾燒煎炒。後者純鑄鐵鍋適合各式烹飪不受限、價格平易近人，但需以油脂養鍋預防生鏽。二者皆有不沾、蓄熱穩定，和鍋內熱循環等優點，加上外表經典又時尚，迅速成為美食與露營愛好者的必敗心頭好物。簡單來說，鑄鐵鍋的好處在於材質安全、用法百變、烹調美味。

◇早期以荷蘭製作最精良

鑄鐵鍋的起源很早，早已年代久遠不可考，歐洲文獻記載十七

世紀後期，荷蘭的砂模鑄鐵技術超前其它國家許多，製造出的鐵鍋質感精細、表面平順。那時候荷蘭製的食器主要銷往英國，直到西元1704年一位亞伯拉罕達比〈Abraham Darby〉的英國人決定赴往荷蘭學習鑄鐵，研習四年後將技術帶回英格蘭並開始大量生產，鑄鐵食器才慢慢在歐洲普及起來。

隨著時間流逝，在美國殖民時期，荷蘭鍋為了非定居生活型態而逐漸演化：鍋子變淺；鍋底長了腳可以架在火堆上；雙鍋堆疊使用；還能有把煤炭放於鍋蓋的設計，可以達到熱循環等等。烹飪功能與耐用度，在當時深受殖民者和定居者的最愛，「Dutch Oven荷蘭鍋」一中的Oven原就有烤箱及爐灶之意，而烹煮、烘焙、燉炰、油炸、火烤各種形式料理，荷蘭鍋一只就可搞定，用法多元。

身價高貴被當傳世珍寶

西元 1804 年至 1806 年間，美國有一段著名開拓歷史「Lewis and Clark expedition 路易斯與克拉克之遠征」，這支遠征隊由梅里韋瑟路易斯〈Meriwether Lewis〉和威廉克拉克〈William Clark〉領隊，首次向西橫跨北美大陸抵太平洋沿岸做考察，主要研究印第安部落、植物、地質地形和該地域野生動物，荷蘭鍋也藉由遠征隊就此在整個美洲流傳開來，所以美國西部電影、古裝電影裡常有荷蘭鍋蹤跡就是這麼來的。

殖民時期烤箱和許多金屬物品必須從荷蘭、英國進口，屬於昂貴用品，因此鑄鐵鍋也被視為奢侈品，也是珍貴的傳家寶。十八、十九世紀常被列為遺產，例如美國總統華盛頓的老媽瑪莉鮑爾華盛頓〈Mary

Ball Washington〉，在1788年就立了遺囑，指示她的廚房鍋具有一半要留給孫子-菲爾丁路易斯〈Fielding Lewis〉、另一半給孫女-貝蒂卡特〈Betty Carter〉，可見得好鍋可以永流傳，當成好嫁妝，傳世百年、價值不斐！

因為美麗柔弱的家庭「煮」婦不易扛起動輒數公斤重的鍋，荷蘭鍋因此又被稱之「男人的鍋」，可見其豪邁氣質。台灣近年來戶外露營氣氛盛行，有不少廠商隨之引進各式各樣鑄鐵鍋，也開始有國內品牌投入開發，露營將不再是簡陋的克難露宿、野炊更不再是簡易火鍋加泡麵！露營玩家玩到中後階段多半會把玩荷蘭鍋，增加更多樂趣，不過當然也有從荷蘭鍋開始的新手，無論如何，荷蘭鍋熱潮愈演愈烈。

廚房中的夢幻逸品「琺瑯鍋」

講到「荷蘭鍋」或許不玩露營的人會覺得很陌生，但號稱主婦心目中夢幻逸品的 LC 琺瑯鍋在台灣聲勢漸旺，是許多希望享受精緻料理的美食家必備鍋具首選，相信許多沒用過的人，一定都略聞一二。琺瑯鍋以法國兩大知名品牌 STAUB、LE CREUSET 和美國 Flambo 富蘭鍋，最廣為人知，美國 LODGE 近年也發展出新系列的塘瓷鑄鐵，塘瓷即是琺瑯。

琺瑯鍋與一般鑄鐵最大不同在於，它需要專用鑄鐵才能表面附著琺瑯，琺瑯是一種礦物釉料，類似透明玻璃，可以隔絕食物直接接觸鑄鐵表面，避免油垢附著，也比較好清洗。上了琺瑯的鑄鐵鍋保養方便、不怕生鏽。

琺瑯鍋也有不沾特性，將表面用顯微鏡放大觀察，會發現有結晶狀的粗糙排列，稱之為「結晶釉」，這種物理特性可以減少食物接觸面，當然這些隙縫也需要借助油脂保養。琺瑯最大特色是抗酸蝕，不易產生化學反應，很適合長時間燉煮以及製作果醬。

除此之外，琺瑯鍋會在外表塗上一層帶光澤的色彩，讓鍋具添色許多，質感大大提高。琺瑯鍋最怕紅燒和煎炒乾燒，不可使用金屬杓鏟，也怕敲擊碰撞，因此不太建議戶外使用。

MUST KNOW

「黑鐵皮鍋」不是鑄鐵鍋

日本知名的UNIFLAME鐵鍋其實不屬於鑄鐵鍋，它的材質是一般「冷熱軋鋼板」而非鑄鐵，黑鐵皮鍋的製造著重在於沖壓與拉伸技術，關鍵在於如何克服鐵皮在沖壓與拉伸過程中不產生縐摺與波浪紋。市面上看到的UNIFLAME鐵皮鍋均非常光滑細膩，這技術除了生產設備的優秀外，拉伸過程中會產生高溫會破壞鐵皮物理性結構，因此拉伸模用的潤滑油品也相當重要，更關係到食用安全。

黑鐵皮鍋它是單純使用厚鐵皮鋼板壓製拉伸而成，本身仍是會生銹的鐵製品，所以外表是經過透明烤漆〈清漆〉高溫噴烤，還是必須要有開鍋的過程喔，所以養鍋的過程也少不了的，這種鐵皮鍋與鑄鐵鍋使用方式沒什麼不同，就是重量輕了一些些，所以搞怪的日本人就又開發了SOTO不鏽鋼荷蘭鍋，但不鏽鋼鍋使用要有技巧，因表面細孔極細不易填滿油脂，如果熱鍋未達標準溫度很容易沾鍋，因此讀者們可要抓住該鍋的特性避免嚴重沾鍋。

黑鐵皮鍋細孔要比不鏽鋼粗得多，相對蓄油量就多一些，但與鑄鐵鍋相比還是差很遠。鑄鐵鍋表面不光滑的特性造就了它物理不沾優點，表面有如粗糙表面、再加上著極易蓄油的粗孔，可把食材斷開於鑄鐵表面外，不讓液體滲入孔縫，除非油量不足，又乾煎濕黏度高或未退冰食材，否則要讓鑄鐵沾鍋也很難！經數次養鍋的鑄鐵就算不放油，不易沾鍋特性依然很優異。

表面細孔鑄鐵 > 鐵皮〈冷熱軋鋼〉 > 琺瑯 > 不鏽鋼 > 鏡面不鏽鋼〈電解拋光〉

表面細孔愈大，愈不易沾鍋

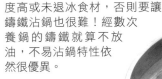

與荷蘭鍋齊名的「日本鐵器」

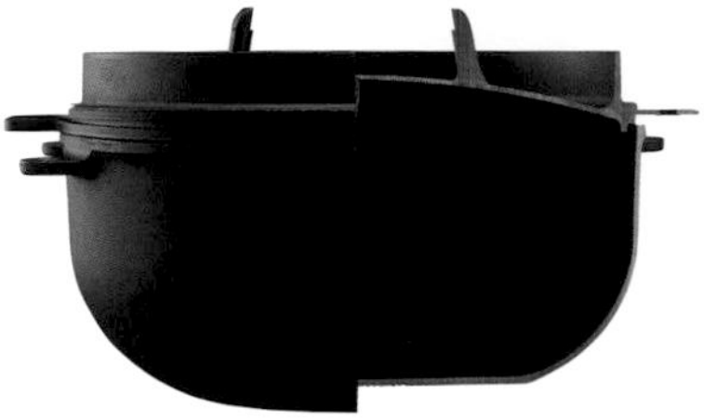

燕三条超薄鑄鐵鍋厚度只有 2.25mm。

不只西方國家，鑄鐵食器在日本也有相當歷史文化背景，而且馳名中外。早在西元600年，古日本北海道的原住民愛奴人「蝦夷族」宅居中已有雛型出現。寒冷的東北地區民眾家中，尤其傳統和式客廳中央，會設有燒柴火的地爐「囲炉裏」，從上方黑色「自在鉤」到它掛著那黑鍋全是純鐵器。日本古裝劇裡頭，例如轟動全日本的阿信、盲劍俠座頭市、末代武士等，常會見到它。鍋身一樣是黑色鑄鐵，但鍋蓋大多是木製，最大的功能是取暖、再來就是兼具烹飪燒水、加溫燒酒、燻烤魚肉等烹調用途，是非常典型的日式古早味。

◆技術卓越的燕三条

日本鑄鐵鍋分成燕三条和南部鐵二大派。歷史要朔回近四百年前。新潟縣位於日本中央，有兩個相鄰城市「燕市」和「三条市」是日本當地非常卓越的鑄造發源地，合稱「燕三条地區」。該地區早期長年水患，農民物力維艱，為了治水及振興經濟，奉行官所的「大谷清兵衛」提倡鍛鑄副業，從江戶地區也就是現在的東京，招募許多製釘的鍛冶工匠來輔導農民工匠技術，所以在1625年開始鑄

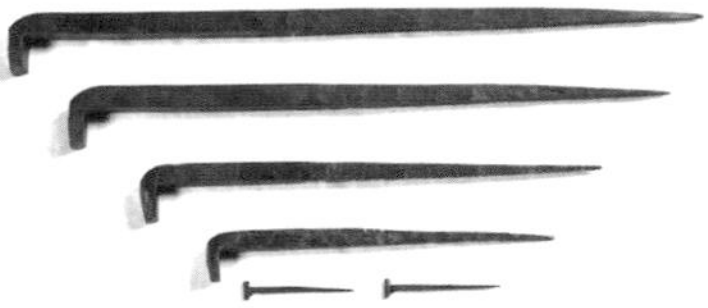

燕三条鍛造的和釘。

造鐵器。

興盛時期於1649年鍛師輩出，直到1658年發展到了鍛冶特區〈大概就是現在的鋼鐵工業區〉再一直到1661年，從製釘到發展刀具、木匠工具、等廚具類，歷代培孕出不少專業工匠，這也是為什麼古代燕三条鍛造「和釘」聞名世界。這些鑄鐵釘用於日本神社、寺廟、大佛、造船、造橋等建築百年不朽。

除此之外，燕三条鑄造日本刀技術精鍊、為寺廟製作的鑄鐵大鐘也都知名當世，隨著時代演化將文化傳承，在日本能確信燕三条地區擁有精湛冶製工業，代代相傳至今。日本Snow Peak出產的CS-5系列鑄鐵鍋就是出自當地。

燕三条地區出土古文物，超薄的三角鑄鐵鍋驚豔考古學家。

燕三条在日本擁有久遠歷史、又非常高端的鑄造技術，三条市井栗地區的「藤之木」遺址中，曾完好出土過相當薄的三腳鑄鐵鍋，是西元1336-1573年代〈室町時代〉的產物，當時震驚考古學家，沒想到日本古代已有如此先進技術。

以我自己入手的Snow Peak 26公分鍋CS-520來說，鍋壁僅有2.25mm、鍋底厚度3.25mm，輕量化程度已完全顛覆了一般人對鑄鐵鍋的笨重印象。但鑄鐵因先天特性，鍋具要製作輕薄並非容易，鐵從熔液形成固態時，堆積體會存在收縮內應力，這是製程上首要克服的瓶頸，越薄的

Snow Peak CS-4 系列

Snow Peak 26 公分鍋 CS-520

鍋越需要增強鑄鐵韌性，過程想必歷經百般試驗、解決無數難關，證明燕三条地區的金屬加工能力非常高桿。

巨匠雲集的南部鐵

南部鐵常被人誤會是南方產出的鐵鍋，其實「南部鐵」、「南部釜」只是傳統鐵器的統稱，好比彰化肉圓、花蓮麻糬、韓國人蔘，這裡的「南部」指的不是日本南部地方，這個名稱的來由是西元1597年德川時代藩主的姓氏，南部姓氏至今有二十幾代家世。當時該地稱「南部藩」，而藩內出產優質鐵礦料，由於第二代藩主「南部重直」於西元1659年聘邀鼎鼎有名的名釜師「小泉仁左衛門」，開始發展茶道鐵壺鑄造。直到1868年德川幕府滅亡，1871明治維新時期因新政「廢藩置縣」成立新地方政府，而改為「盛岡縣」隔年才又改為現今的「岩手縣」。

全日本鑄鐵器皿產量最高的地區在岩手縣，這裡出產的鑄鐵器具就稱南部鐵。二戰後，昭和24年3月1日，日本為了保護傳統工藝品的延續，在岩手縣成立「南部鉄瓶商工業協同組合」的工商合作社，同現在的「南部鉄器協同組合」，在當地聯合會集結74家鑄造業，有點像台灣工商會，會員當中聞名遐邇的有小泉仁左衛門的Okamaya御釜屋、鈴木盛久、Sori Yanagi柳宗理鐵鍋、池永鉄工、Oigen盛榮堂鐵器等等，幾乎都是脈脈相傳的名釜世家。由於明治維新後，南部鐵器曾多次國際參展獲得好評，相當出名，無論是茶道鑄鐵茶壺、還是料理鑄鐵鍋全都非常顯姓揚名，成為岩手縣引以為傲的傳統工藝品，造就了「南部鉄」響亮名號，這裡也是Snow Peak CS-4系列鑄鐵鍋的故鄉。

Snow Peak CS-4 系列

MUST KNOW

鐵鍋區分圖

01 鑄鐵鍋

荷蘭鍋

MATERIAL
全部純鑄鐵

代表 MAGIC、Coleman、LOGOS、CAPTAIN STAG、SOUTH FIELD、KOVEA、Snow Peak、LODGE、大古鐵器。

日本鐵器

MATERIAL
全部純鑄鐵
部分鍋蓋為木製

代表 壽喜燒鍋、鍋燒套鍋這類，例如御釜屋、鈴木盛久、柳宗理鐵鍋、池永鉄工、盛榮堂，及台灣大古鐵器等代表。

琺瑯鍋

MATERIAL
內部鑄鐵
外表被七彩琺瑯層包覆

代表 STAUB、Le Creuset、Flambo

MATERIAL
冷熱軋鋼板

02 黑鐵皮鍋

代表 UNIFLAME黑鐵皮鍋

MATERIAL
不鏽鋼

03 不鏽鋼鍋

代表 SOTO不鏽鋼鍋

廠商將不鏽鋼鍋、黑鐵皮鍋類屬在荷蘭鍋，因為日本人將這兩種鍋由荷蘭鍋衍伸而改變材質。從材質分類的角度而論，既不是鑄鐵、也沒有太多原本荷蘭鍋特性，嚴格說起來不太隸屬同類別，換言之說它們是荷蘭鍋的特殊分歧也不為過。

鑄鐵鍋生產過程必經手工打磨消除毛邊。

MUST KNOW

物理性不沾鍋是什麼？有什麼好處？

無論不鏽鋼還是鑄鐵，只要養鍋一段時間，不沾鍋效果會日漸明顯，食物之所以會沾黏鍋子表面是因為水分滲入細孔造成的結果，要達到「物理性不沾」，就要讓鍋子的細孔填滿油脂。當金屬分子受熱達一定溫度後，細孔會擴張，這時食材下鍋就不會沾黏便能達到不沾效果。

超好用的不沾鍋健康嗎？師大化學系吳家誠教授曾指出鐵氟龍是美國杜邦公司的專利塗料，其成分是由「全氟聚合物高分子」所組成，在醫學界已被證實具有毒性，還有添加在內的「高氟辛酸」和「高氟辛酸銨」都屬持久性環境荷爾蒙，也就是內分泌干擾素，此外鐵氟龍鍋加熱到160℃以上就開始釋放毒素，更何況是有刮傷的鍋表面！

吳教授也在他的一書中《毒物專家絕不買的黑心商品》有提到純鑄鐵的鍋子最安全，因為對身體較無害、也最耐高溫。鑄鐵鍋的表面粗糙，因表面細孔的蓄油足夠，降低鍋面與食物作用面積達到不沾特性，當然是最安全健康的選擇，加上料理時會釋出鐵質，不必擔心攝取過多，因為人體會自然排出過多的鐵質。

當金屬分子受熱達一定溫度後，細孔會整齊的排列擴張，加上特定溫度還可讓食物於鍋子表面產生瞬間蒸氣，這時食材下鍋就不會沾黏便能達到不沾效果。

鑄鐵鍋的氣密度很重要？

古時候的鑄鐵技術絕不比現在發達，最初甚至沒鍋蓋，日本傳統鑄鐵鍋不都是木頭蓋，除了上火做不到其餘料理跟荷蘭鍋大同小異，連保養也相同，可見荷蘭鍋的功用與氣密度完全無關。為何會有品牌或廠商一直強調「氣密度」？起因是由於日本工藝講求完美，Snow Peak製作出會車削毛邊的鍋緣，用意在於加強鍋蓋吻合度。但台灣商家將這項特色發揚光大，在行銷文宣上強調「氣密度」一詞。荷蘭鍋盛行的歐美各國從未有這現象，唯獨台灣人在意荷蘭鍋的氣密度，曾遇過銷售員在介紹產品時解釋的頭頭是道。

到店家買鍋不可能讓消費者煮沸水看蒸氣，真在意氣密度，不如去買壓力鍋。有人說做煙燻料理氣密度一定要好？《BarBQ 戶外燒烤大餐》書中教大家用一般瓦楞紙箱也能DIY煙燻箱，那麼荷蘭鍋的密封效果更不用挑剔。

日本設計巨匠柳宗理的南部鐵鍋、

廚房夢幻逸品Le Creuset琺瑯鍋、

露營迷都想擁有的Lodge 、Snow Peak荷蘭鍋、

米其林大廚愛用的STAUB平底煎鍋…

各式各樣的鑄鐵鍋究竟有何長短？

CHAPTER.2

鑄造工藝與塗料是品質關鍵

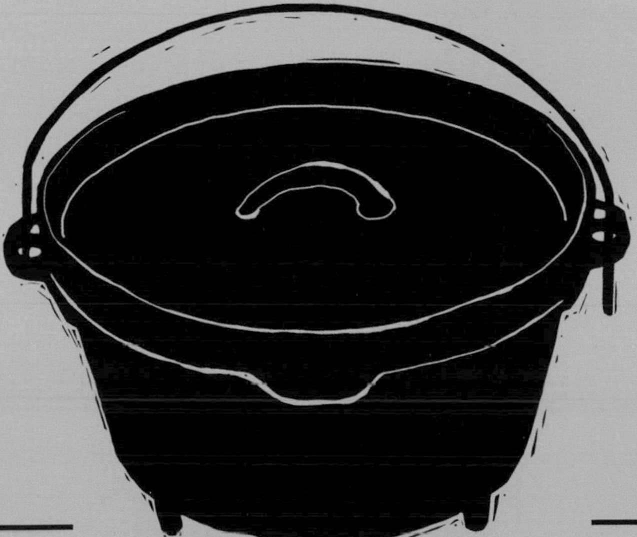

特色與代表品牌

鑄造工法

鑄鐵鍋的原料理所當然是鑄鐵，但你知道是什麼樣的鑄鐵嗎？Ferrosteel 灰口鑄鐵，又名「銑鐵」或「生鐵」，英文都叫「Pig Iron」，是將鐵礦石和沙等觸媒，經由高爐還原並分離成鐵水「熔銑」冶鍊，再將熔銑澆注到模具中成特定塊狀，作用是方便運送跟計量，如此所得到最初的「粗鐵」就是我們常聽到的「鑄鐵 Cast Iron」。鑄鐵含碳量較高、性質很硬卻易脆，因此未經淬鍊的鑄鐵器具最忌諱碰摔和急速冷卻。鑄鐵可繼續不斷鍛鍊，除去碳跟雜質製造成熟鐵或鋼，含碳量少於 0.0218% 稱為「工業純鐵」，少於 2% 稱為「鋼」，一般將含碳量高過於 2.11%~3.5% 統稱「鑄鐵」。

不同鑄造法做出的鍋子具有不同的特色，鑄造法大約可分成濕砂模、水平自動造模、樹酯砂三類；而塗料會決定使用的方式，接下來會詳細說明其中的差別。

濕砂模鑄造
Green Sand Mold

代表品牌

MAGIC、Coleman、LOGOS、CAPTAIN STAG、SOUTH FIELD、KOVEA

特色

成本便宜，屬於傳統手工造模技術，需要多道程序才能完成，例如起模、澆桶、開桶、合模線打磨等等。最重要的人工「砂管理」倘若過程不完善，做出來的模具容易有砂心〈空心〉或多餘處。鑄鐵表面易有微小坑洞、凸出或不均等現象，相較於自動化設備，手工製作的鍋具特別需要修繕打磨。

大多數鑄鐵鍋具都是採用這種傳統人工造模法，品質有水準但價格親民。而STAUB和LE CREUSE同樣都是採用傳統手工砂模鑄造，其價格比較昂貴的原因在於，它們更強調高品質手工打磨與上珐瑯的工法，還有原產地生產等賣點。

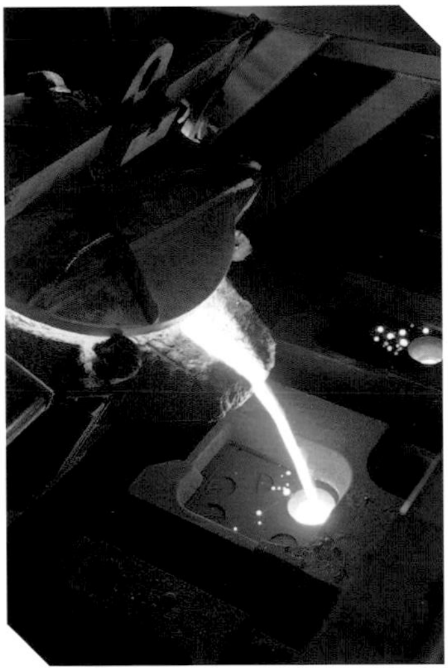

濕砂模鑄造。

水平自動造模機

DISA

代表品牌

LODGE

特色

產量大、壓低成本也節省人事，除了後續人工處理合模線〈毛邊〉等後製之外，全程從砂管理、造模、流路系統、澆注、翻轉等等全由自動化生產線作業。也屬於「Sand Casting 砂模造模」中的一種，與濕砂技術不同之處，在於非人工管理，而是由機械化管理出來的砂，讓成品公差小、極為平滑細緻、表面近乎無暇。

水平自動造模機是來自丹麥的 DISA 設備，成本相當高，整套系統要價台幣約達三億，似乎只有財力雄厚的大廠有能力投資，例如汽車零配件廠、Brico 鍋等等。LODGE 本身沒設廠不過強調唯一美國鐵礦產地直送，在美國田納西州地製造〈Made in USA〉，不過近來已有部分移往中國大陸生產。LODGE 在美國有相當地位，歐美銷售量非常大且知名度高。LODGE 近年也發展出新系列的珐瑯鑄鐵鍋，同樣是在鑄鐵鍋外表鍍上一層色彩亮眼的珐瑯。

樹酯砂鑄造

Resin sand casting

代表品牌

Snow Peak

特色

樹酯砂又稱玻璃砂，用這種黏度高的砂做出來的鍋具表面水準近似水平自動造模機，一樣紋理平滑細緻，具代表性的品牌是日本SP。此種砂屬於高成本，加上日本人講求工藝品質，早期會要求鍋蓋處的合模線車削處理，完美的人工打模作業，被台灣代理衍生出強調鍋蓋「氣密度」的賣點。

目前市場上九成的荷蘭鍋都是Made in China，只有Snow Peak以及LODGE等少數品牌堅持在生產地本國製造。

濕砂模鑄造。

MAGIC
DUTCH OVEN

表面處理

開不開鍋看塗料決定

鑄鐵鍋相較於一般鍋具，最讓人卻步的就是多一道保養手續，其實只要養成正確觀念、和做好簡單的維護習慣，就不擔心生鏽而能長久使用。坊間琺瑯鍋的鍋裡外顏色很繽紛，其實都是一種「釉料」所燒製的塗層，也可以稱它為「玻璃矽」，僅差別於燒窯著色料的顏色不同，以及釉料本身的透明與不透明之分，琺瑯鐵鑄鍋不需要大費周章的像純鑄鐵鍋那樣開鍋，開鍋只需稀釋醋水煮沸、使用後清洗並擦乾，就有非常長的使用壽命。

鑄鐵接觸空氣中的氧會產生氧化作用也就是生鏽，因此荷蘭鍋在出廠前會有一道防鏽處理，在鍋子的表面佈上保護層隔絕空氣「表面塗層」。一般食器使用的食用級塗料分成「可去除」與「不易脫落」二種，天然樹酯漆、人工樹酯漆、植物油與含重金屬工業用油是屬於可去除的塗料；鍍鉻、鐵氟龍、陽極處理屬於不易脫落的。

◇免開鍋的 MAGIC、Snow Peak、LODGE

目前荷蘭鍋標榜免開鍋處理的有 MAGIC、Snow Peak、LODGE 三大品牌。MAGIC 是台灣第一家使用天然樹酯漆，選用通過美國 SGS 無毒認證的「梧桐樹汁」，在表面塗佈再低溫烘焙附著表面保護鑄鐵，樹汁經空氣自然氧化就成了黑墨色，所以前一兩次刷洗時，鍋子的顏色會顯得比較深，空燒過程無任何臭味。

Snow Peak 鑄鐵鍋出貨前就在產品塗上鍋具專用的耐熱矽塗層，這種塗層經過 MSDS 安全認證，不含對人體有害成份，所以第一次使用時是不需要開鍋的。但是料理煙燻等烹調會大火空燒鑄鐵鍋，使其局部呈現高溫狀態，加上長期重覆使用也會消耗耐熱矽塗層，所以雖然第一次使用不必開鍋，但養鍋動作是不能偷懶的。

實際使用 Snow Peak 鑄鐵鍋的人可能會發現，高溫空燒後的味道相當刺鼻難聞。這是因為所謂的耐熱塗層其實只是一層薄薄的塗膜，因此大火空燒很容易將此塗層燒掉使鑄鐵露出。所以當聞到刺鼻難聞的味道就表示鑄鐵已露出來了。Snow Peak 和 MAGIC 的

表面防鏽塗層同樣都具有相關安檢認證，即使是非天然的矽塗料對於健康是無害的。

LODGE 的塗層是用一種高溫放電加工處理的「電節燒法」，將食用植物油牢牢電極燒在表面，買回來後只需稍加清洗就能馬上使用，所以包裝上會註明「Pre-Seasoned」，意指已預先幫鍋子「調味」了植物油表層處理，也就是免開鍋意思。

正確開鍋避免毒物吞下肚

KNOWLEDGE

即使標榜免開鍋的鍋子，還是有些講究安全的人會進行開鍋動作，多了這個動作保障多一點。除了以上三個品牌強調免開鍋，正統的鑄鐵塗料大多使用大豆油與菜籽油的混合食用油，有一些會以食品級青漆混合非食用溶劑製作，因此建議大家，為了健康考量，好好開鍋是件很重要的事。下面章節會告訴大家如何正確開鍋的方式。

BLACK POT MAGIC

LODGE

就算知道如何烹飪出美味的鑄鐵料理，卻有很多人不解如何正確開始與善後？經常收到網友來信詢問，網路上的眾多開鍋和養鍋步驟就看過很多千奇百怪的趣事發生！

CHAPTER.3

開鍋很簡單 養鍋沒負擔

正確開鍋可增強鑄鐵韌性並去除有害物

開鍋又稱為訓鍋，最重要的目的有二個，一是「增強鑄鐵韌性」，二是「去除危害健康的人工防鏽層」。鑄鐵冷卻凝固的過程中，會產生「內應力」，內應力會因厚度差異、形狀複雜、鑄模材料等差異導致鍋子變形和龜裂，為了防止這樣的狀況發生，最好在使用前先以開鍋的方式增強韌性。如同訓車一樣，讓新車汽缸更強韌，才能更耐操，尤其像 Snow Peak 極薄系列，鍋子越大越薄越需要加強韌性。

台灣一般家庭不像歐美家家戶戶都有大型烤箱，能夠把荷蘭鍋直接丟進去處理，或是專程燒大量木炭來訓鍋，因此我教大家使用家庭瓦斯爐來進行開鍋。

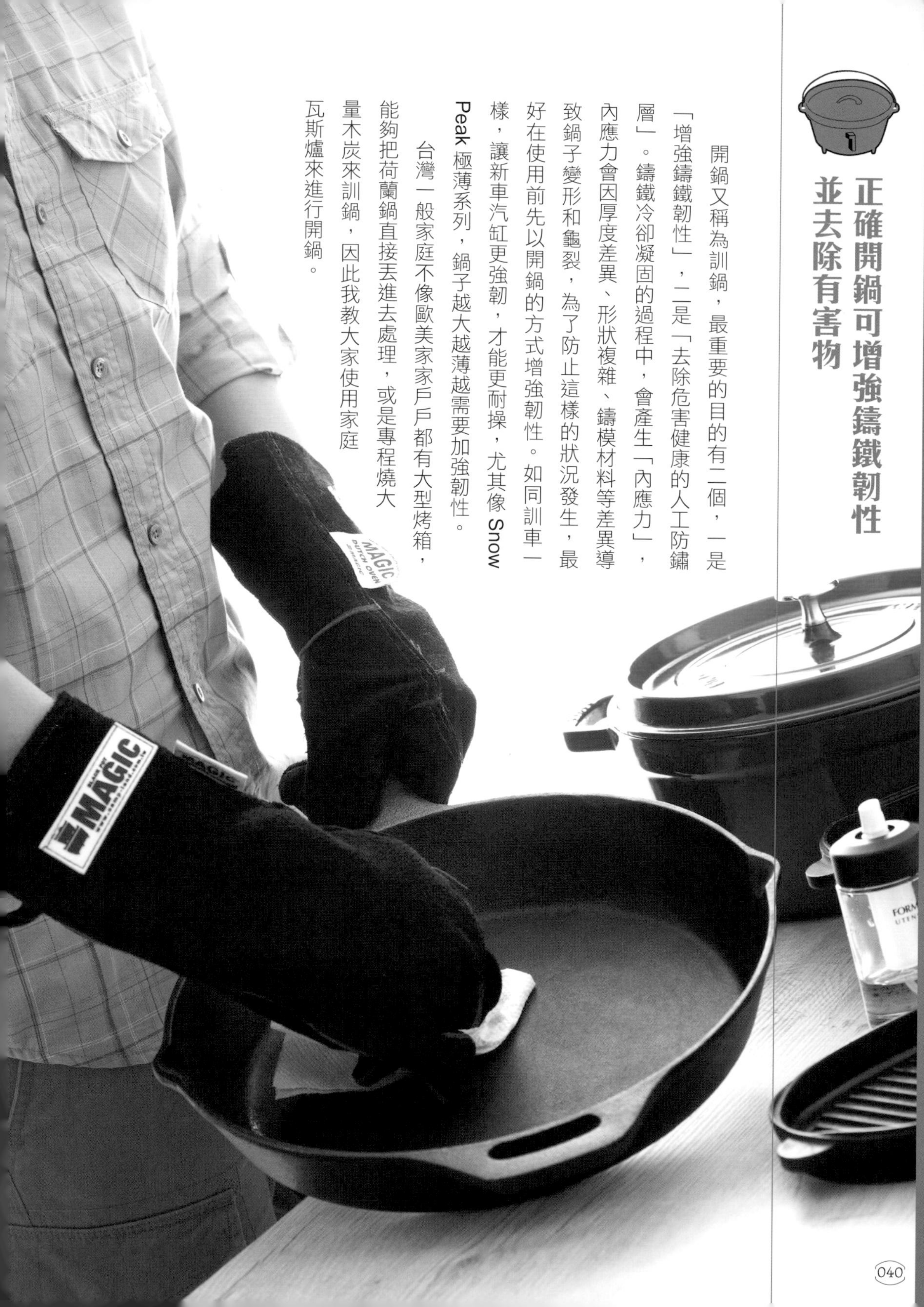

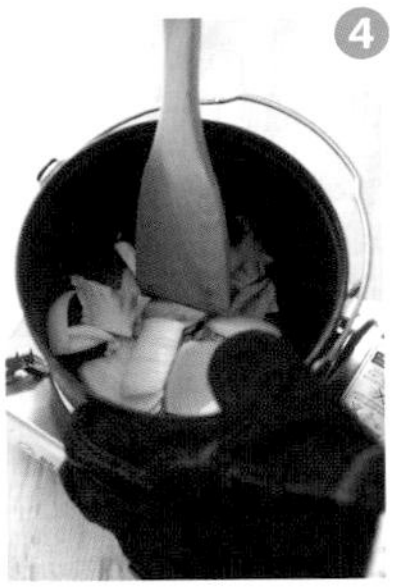

STEP 1

非天然防鏽層的荷蘭鍋空燒後可能會呈現略灰色或棕色，且有撲鼻臭味，所以請預先開啟抽油煙機待命。打開抽油煙機，瓦斯爐開大火空燒荷蘭鍋，鍋子受熱後會慢慢冒出白煙，冒出煙後續燒6~12分鐘，直到不再冒煙，即表示防鏽蠟已差不多去除或碳化。

STEP 2

勿沖冷水，讓荷蘭鍋自然冷卻，再用天然清潔物配合鋼刷盡情刷洗，洗去表面碳化物。

STEP 3

洗淨後再次稍微加熱烘乾，趁鍋具未冷卻前馬上噴油擦勻，趁鍋熱時上油，是利用其物理特性，金屬因受熱細孔被擴張，這時候表面最容易吃進油。油量以均勻塗抹後，鍋子表面油亮不沾手為標準。講求完美者，第1到第3步驟可再反覆一次。

STEP 4

最後可熱炒蔥蒜薑、菜渣、果肉或酸性檸檬、番茄去除鐵味，將炒過的蔬果丟掉。

STEP 5

待鍋子自然冷卻後均勻抹上一層油，用烤盤紙、或報紙包覆鍋子，即可收納到袋子內保存，也可直接裸放在通風處。

琺瑯鍋初次使用只要洗淨即可

KNOWLEDGE

荷蘭鍋開鍋有點費工，琺瑯鍋就簡單多了，琺瑯鍋表面有一層礦物釉料保護著內部鑄鐵層，因此不須像裸露在外純鑄鐵鍋那樣去除防鏽漆，只需要以1比20的比例水稀釋果醋，稍加煮沸，待醋水冷卻後清洗鍋子，反覆1至2次即可使用。記住千萬別把琺瑯鍋拿去空燒喔！平時使用琺瑯鍋切忌不要急冷急熱，清洗時要避免使用金屬刷，否則容易刮傷美麗表層。

無壓力的日常養鍋法

「Seasoning」養鍋原則上最好的方法就是經常使用，讓鑄鐵深深吸附油脂，讓油脂完全滲入細孔，到達一定程度後鍋子就有物理不沾特性，而且不易生鏽。荷蘭鍋剛買回來時顏色是呈現暗褐黑，使用到最佳境界則是黑到發亮。

國外使用荷蘭鍋都是直接撈河砂隨便洗，台灣人比較呵護舶來品，也有人害怕傷害外觀，而小心翼翼。其實只要不重摔、不急速冷卻、避免化學清潔品，愛怎麼用就怎麼用，千萬別客氣。

◇選擇天然清潔劑

鑄鐵鍋越養越具價值，養鍋指的是把油養在鑄鐵細孔裡，其實直接將鍋子裝水煮沸就可以去除油膩，但很多網友會私訊問我，難道就不能好好洗乾淨嗎？鍋子油膩膩的真的好不習慣。其實油脂刻意不完全洗淨是正常的，礙於心理因素、或無法克服的大量動物油脂，這該怎麼辦？

一定要使用清潔劑的話，最好避免使用化學清潔劑。因為鑄鐵表面的細孔能吸油，相對也會吸附清潔劑，而且酸鹼度過高的化學清潔劑會破壞鑄鐵鍋包含琺瑯鍋的表面。天然的清潔劑推薦大家選擇小蘇打粉、黃豆粉或苦茶粉，還有我個人最喜歡的無患子。吃剩的天然果皮也是絕佳去污劑，清洗完還會有一點果香味。

◇養鍋跟著這樣做

STEP 1

將天然清潔劑溶於水中，配合菜瓜布刷洗鍋子，因為開鍋後表面有氧化形成的保護層，所以不建議使用鋼刷。若鍋底有附著鍋粑、焦物，可燒些熱水配合木質鏟或橡膠刮刀剝除它。

STEP 2

刷洗後以瓦斯爐中火烘烤鍋具30-60秒，待水氣蒸發即可，烘烤時間無需過久。

STEP 3

趁熱迅速噴上油並用紙巾將整個鍋體內外均勻擦拭，油脂請少量且適當佈滿表面。因此時鍋子呈現燙手狀態，請穿載好防護手套。

STEP 4

待鍋子完冷卻後，用烤盤紙、或報紙包覆鍋子，即可收納到袋子內保存，也可直接裸放在通風處。

STEP 5

下次使用前以清水稍微沖洗就可以。

MUST KNOW

獨家無患子清潔法

獨家洗鍋法是我自己的意外新發現，若非得用泡沫去油，我推薦用天然的「無患子」刷洗心愛的鑄鐵鍋，保證清潔溜溜、不怕帶化學殘留於表面細孔。無患子外表與龍眼極為相似，是一種常見於台灣低海拔的植物，中部大坑登山步道周圍小攤販會販售整包已曬乾的無患子，許多有機商店裡或是網路上皆有販賣。

無患子果肉富含「Saponin植物皂素」是天然活性界面，清潔功效可取代化學肥皂，苦茶皂素含量5%，無患子皂素含量卻高達37.5%，可見其清潔效果，具有天然抑菌功能。效果比我過去極力推廣的黃豆粉、苦茶粉和蘇打粉的潔淨能力更強效且方便好用。

果實帶著微微乾果香氣，可以一直反覆揉洗到沒泡泡為止。無患子泡水越久皂素釋出越多，適用任何鍋具，還可抑制細菌、黴菌，完全是廚房清洗食器的天然好幫手。若市面上不好買，網路賣場應該都能找得到散裝的完整果實。

無患子清潔跟著這樣做

❶ 取適量無患子，以雙手或拿尖嘴鉗直接壓破肉殼上方的木質端。

❷ 去除黑籽，只使用果肉。

❸ 將果肉加水戳揉直到產生綿密泡泡。

❹ 利用荷蘭鍋餘溫，或浸泡熱水一下，再以菜瓜布連同果肉一起刷洗鍋子。

❺ 沒有菜瓜布可徒手抓著肉殼、黑籽直接刷洗。

鑄鐵鏽斑不用怕

STEP 1

若生鏽的情況不嚴重，可直接用菜瓜布刷一刷即可除掉鏽斑。常有朋友問我可以使用鋼刷嗎？其實鑄鐵硬度高，沒那麼不堪洗，除鏽時可以使用。

STEP 2

保存或保養不當最怕大面積生鏽，除了可用粗砂紙磨除之外，也可用不鏽鋼刷刷除生鏽部位（平時不建議使用鋼刷）。

STEP 3

再以1：10的比例混合白醋與清水，將稀釋過的醋水加熱倒進鍋內刷掉鏽斑。然後按照開鍋程序，再按表操課一遍，即可捕救。

小小茶包防鏽又除味

「沖泡式綠茶包」是保護鑄鐵的小法寶，將綠茶包丟入鑄鐵鍋內直接加水煮沸，讓茶葉中的單寧酸釋出，單寧酸會跟鐵質產生化學作用，產生黑色的「鞣酸鐵」，這層保護膜會自然附著於鑄鐵表面，不但具有防鏽效果還能去除味道，平日可用來保養鑄鐵食器。

茶葉中都含有單寧酸，但綠茶含量特別多，這也是為什麼營養學上不建議飯後泡茶的主因，食物中攝取的鐵質會被單寧阻礙吸收，長年累月可能有結石風險，而且茶葉中還含有「Theophylline 茶鹼」會連同單寧抑制胃酸分泌、又使肉類蛋白凝固導致消化不良，更導致便祕貧血等症況，強烈建議愛喝茶的朋友飯後一小時再喝吧！

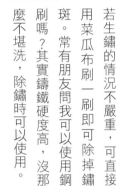

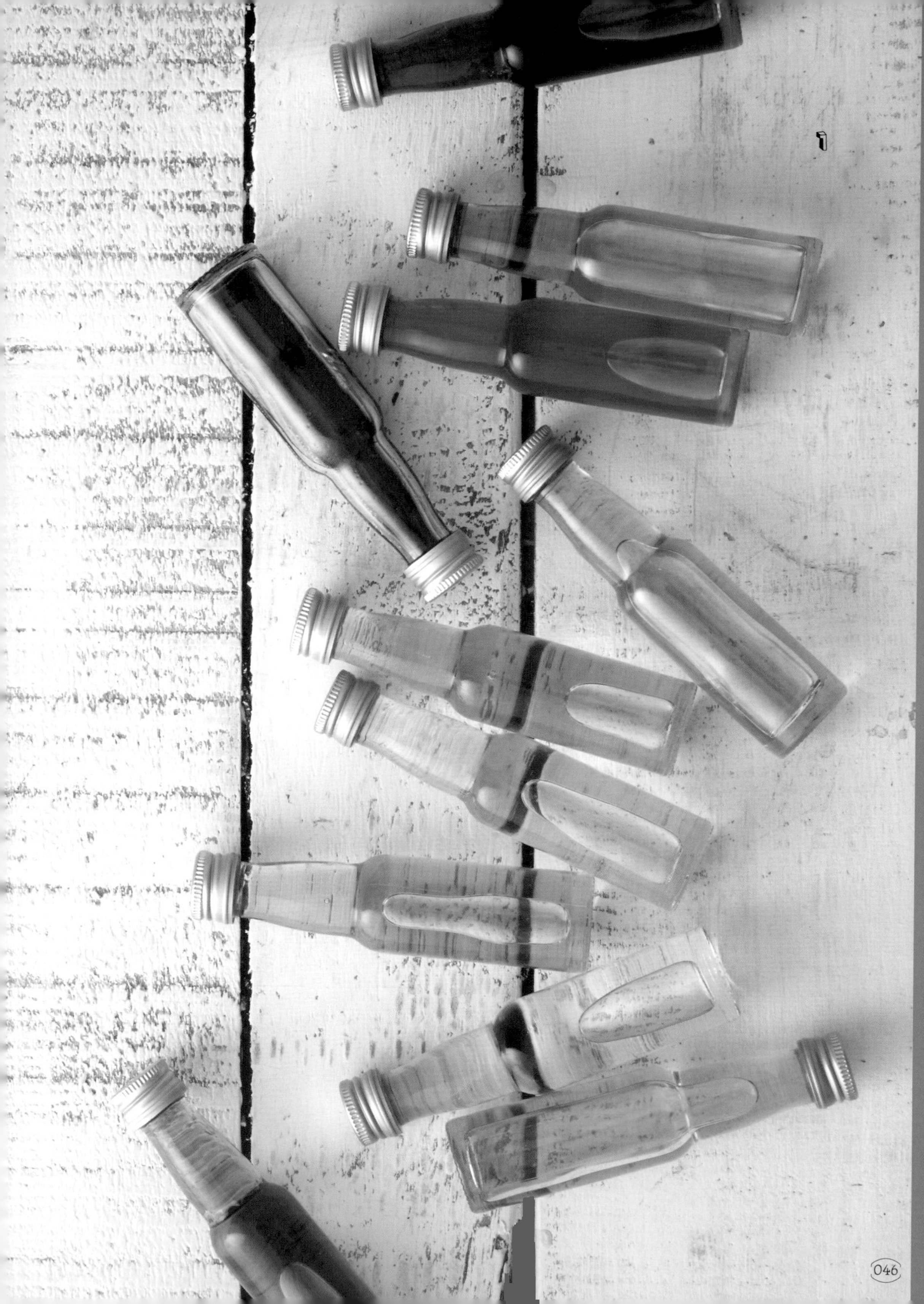

選對油，養鍋、養生事半功倍

選油分成「食用」與「保養用」二種用途，不必一味挑選耐高溫的油，而是依照個人的需求選擇。油脂似乎經常伴隨著肥胖和心血管疾病等慢性疾病，現代人講求少油、低鹽，一旦鑄鐵養鍋有成，達到了不沾效果，那麼烹飪用油即可減少用量。成人每日油脂攝取量約為30ml，差不多2至3湯匙。健康的攝取用油原則是不碰氫化植物油、不用回鍋油、烹飪溫度避免高於發煙點。

各類油品發煙點

精製	油品總類	發煙點
未精煉	亞麻籽油、紅花籽油、葵花籽油	107℃
	大豆油、玉米油、Extra Virgin初榨橄欖油	160℃
	芝麻油、椰子油、奶油	177℃
	豬油、植物酥油	182℃
精煉	菜籽油〈芥花油〉、Pure冷壓橄欖油	200℃
	芝麻油、豬油、葡萄籽油	210℃
未精煉	酪梨油、苦茶油	220℃
精煉	花生油、椰子油、葵花籽油、大豆沙拉油	230℃
	Pomace橄欖籽油	238℃
	苦茶油	252℃
	紅花籽油	266℃

〈資料參考中央健康衛生署、聯合健康醫藥〉

各類油品烹調方式運用	亞麻籽油	葵花籽油	大豆油	玉米油	橄欖油	芝麻油	芝麻香油	椰子油	奶油	芥花油	葡萄籽油	酪梨油	苦茶油	花生油
燉		★	★	★	★		★		★	★	★	★		★
烤、煎		★	★					★	★	★		★	★	★
快炒		★	★	★	★		★	★	★	★	★	★	★	★
炸					★		★	★		★		★	★	★
涼拌	★	★		★	★	★	★	★	★	★	★	★	★	★
沙拉	★	★	★		★	★	★	★			★	★		★
水果沙拉	★					★					★	★		
調風味用		★			★			★	★					
熱湯淋用		★	★		★			★						★
冷湯淋用					★									
拌麵醬	★	★	★	★	★		★	★		★	★		★	★
醃製		★	★	★	★			★			★			
甜點					★		★	★	★			★		
烘焙		★		★	★		★	★	★			★		★

健康食用油怎麼選？

選擇關鍵在於溫度條件，油炸、熱炒、烘焙還是涼拌？請依據烹飪溫度條件，盡量選購未精煉且營養成分高的油。一般烹飪溫度約100℃至150℃、烘烤落在160℃至220℃左右，建議選用未精煉亞麻籽油、未精煉紅花籽油、未精煉苦茶油、Extra Virgin初榨橄欖油、未精煉葵花籽油等健康植物油。

一般人認為橄欖油能耐高溫，其實不完全正確，橄欖油依榨取方式不同，成份也會有所差異。橄欖油等級略分三種，有特級冷壓初榨的「Extra Virgin」，和第二道精煉過的「Pure」純油，這二種都不適合高溫160~200℃以上的烹調法，雖然「Pomace」橄欖籽發煙點是238℃，但它經過多次精煉，並不是最理想的食用油。

鑄鐵保養油怎麼挑？

天然植物油是最佳保養使用油，關鍵在於「多元不飽和脂肪酸」，好的植物油富含多元不飽和脂肪酸，化學活性不穩定容易受高溫氧化，所以當金屬遇熱或接觸空氣時，造成脂肪酸鏈氧化，產生鏈結聚合〈化學反應稱之為Polymerization〉，會在鍋面形成緊密堅硬的保護表層〈簡稱氧化膜〉。鑄鐵鍋不建議使用化學清潔劑和過度刷洗，就是為了防止這層聚合護膜脫落。

選擇鑄鐵保養用油，建議挑選容易極受到高溫氧化的高含量「多元不飽和脂肪酸Omega-3」食用油作為保養，這類油品的相對發煙點多半很低，也多以植物油為主，保養用油經高溫烘烤能馬上與鍋子快速氧化聚合，形成有效保護層。推薦首選是亞麻籽油，其次是紅花油、大豆沙拉油和葵花油。

「Smoke Point」發煙點指的是油加熱後開始冒煙的溫度，選錯油易產生自由基等致癌物質，如果可以的話，最好是一油兩用，保養兼食用，偏偏要適合保養的植物油，卻可能又跟健康相互矛盾。我個人習慣將兩種油分開，大家可依自己的需求取平衡點來選擇。

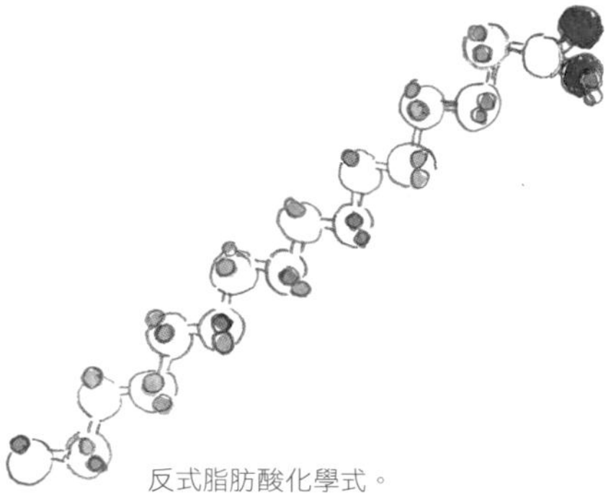

反式脂肪酸化學式。

MUST KNOW

Fatty Acids脂肪酸怎麼分？

「Saturated Fatty Acid飽和脂肪酸」
椰子油、棕櫚油、紅肉類的豬、牛、羊屬於飽和脂肪酸類的油，常溫下呈現乳白色固態凍狀，特色是耐高溫，適合油炸不易氧化，攝取過量會在體內囤積不好的膽固醇，引發肥胖、免疫力下降、增加心血管病變等問題。

「Monounsaturated Fatty Acid單元不飽和脂肪酸」
常見的種類有橄欖油、花生油、芥花油、堅果類、以及鮮為人知的鵝油。人體吸收後有多重好處，可降低血液中過多又不好的膽固醇、降低三酸甘油脂、增加好的膽固醇、保護血管動脈，抵抗氧化造成的病害。

「Polyunsaturated Fatty Acid多元不飽和脂肪酸」
分成Omega-3和Omega-6兩種，Omega-3極佳來源的有堅果類、紅花籽油、玉米油、大豆沙拉油、葵花油等，有益心血管健康；Omega-6有深海魚油、鮭魚、沙丁魚等，來源豐富，能降低膽固醇、降低三酸甘油脂、減少血栓、高血壓、調節免疫及視力、也幫助並維持腦神經等機能復甦，該類油品缺點就是容易氧化，不適合高溫油炸，重覆使用會產生對健康有害的自由基，一旦過量就會致癌。

各種油的脂肪酸比例

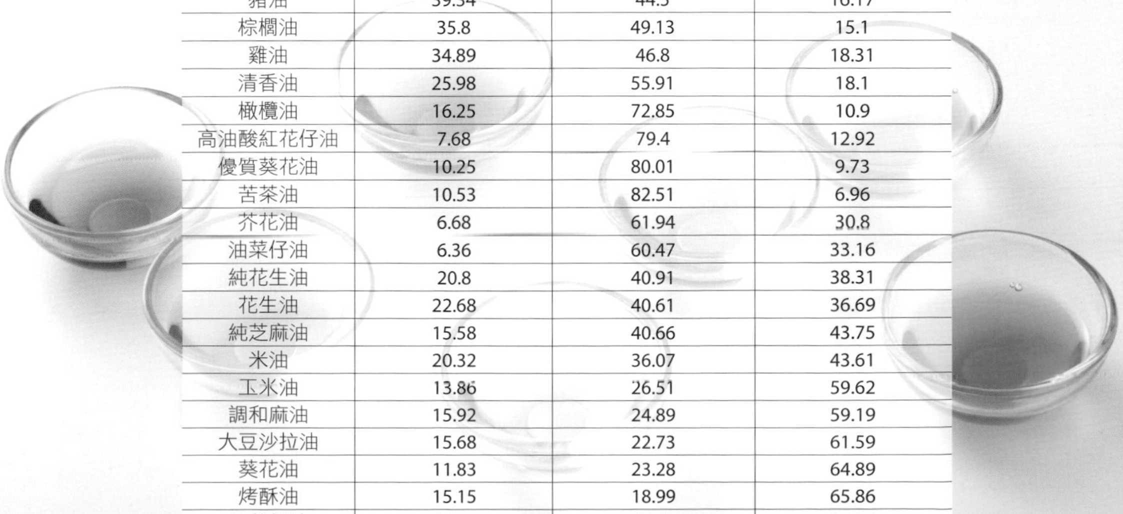

食用油	脂肪酸組成〈%〉		
	飽和脂肪酸	單元不飽和脂肪酸	多元不飽和脂肪酸
椰子油	90.19	8.11	1.69
植物奶油	56.47	35.64	7.89
牛油	54.23	43.7	2.06
豬油	39.34	44.5	16.17
棕櫚油	35.8	49.13	15.1
雞油	34.89	46.8	18.31
清香油	25.98	55.91	18.1
橄欖油	16.25	72.85	10.9
高油酸紅花仔油	7.68	79.4	12.92
優質葵花油	10.25	80.01	9.73
苦茶油	10.53	82.51	6.96
芥花油	6.68	61.94	30.8
油菜仔油	6.36	60.47	33.16
純花生油	20.8	40.91	38.31
花生油	22.68	40.61	36.69
純芝麻油	15.58	40.66	43.75
米油	20.32	36.07	43.61
玉米油	13.86	26.51	59.62
調和麻油	15.92	24.89	59.19
大豆沙拉油	15.68	22.73	61.59
葵花油	11.83	23.28	64.89
烤酥油	15.15	18.99	65.86
紅花籽油	11.23	18.41	70.34

〈資料參考小港醫院營養室，此表未涵蓋所有油種。〉

市面上鑄鐵鍋五花八門，便宜的千元上下，動輒破萬也大有鍋在！該如何從茫茫鍋海中挑選最適合自己的鑄鐵鍋呢？材質特色、價位高低、容量大小與深淺造型都是考量的重點，跟其它家用品一樣，請以實用為主，並非愈昂貴愈好用，品牌永遠不是我的選擇第一順位，世界上沒有最好用的鍋子，只有最符合自己需求的鍋子。

CHAPTER.4

哪種鑄鑄鍋最適合你？

選鍋早知道！避開地雷區

大部分鍋具都能居家、戶外兩用，建議先了解每種鍋具特性，知道自己真正需要什麼樣的鍋，才能正確選擇火候，煮出美味的料理。我們絕對捨不得將上萬元的彩色琺瑯鍋丟在火堆中酷燒，除了炭火容易弄髒外表，嬌貴的琺瑯也經不起如此高溫肆虐、更別說粗暴敲撞而破壞掉琺瑯層。反之，如果僅僅只想訴求保養簡單、不易生鏽，那麼全鑄鐵鍋具恐怕就不適合你了。

摸一摸、看一看，買鍋不NG

美國赫赫有名的「Scouting」童軍戶外雜誌指出，荷蘭鍋挑選重點不在品牌或外觀，而是用肉眼加手感檢查鍋蓋能否上下穩固密合，也就是鍋與鍋蓋之間不能有「搖晃」、「歪翹」的狀況。荷蘭鍋與壓力鍋不同，這裡提到的密合無關氣密度。

接著檢查鑄鐵鍋壁內外兩側，確保厚度相同，如果有「凹凸不平」的狀況，會導致受熱不均影響烹調。再來檢查鑄鐵表面有無「裂縫」和「痘疤」？如果表面觸感粗糙如月球表面，就不是一個好鍋。

CHECK POINT

- □ 鍋蓋不搖晃、不歪翹
- □ 鍋壁內外厚度均勻
- □ 鍋體無裂縫
- □ 鍋面避免嚴重痘疤

MUST KNOW

鑄鐵鍋品牌有哪些？

BLACK POT MAGIC

鑄鐵

台灣鑄鐵鍋品牌之一，1997年由漢宇國際的何凱文先生創立的台灣戶外品牌「MAGIC」美極客鑄鐵鍋，與旗下另一品牌「CAMP LAMD」系列用品，可說同樣齊名，何先生長期替許多國家代工知名戶外用品，擁有各方純熟技術並且接受消費者建議進而改善，是優良的台灣廠商。

SOUTH FIELD

鑄鐵

創立於1986年，該公司開發不少戶外用品，有許多專利設計和外觀設計權，在日本屬於平易近人的價位，是戶外新手喜歡的品牌。

Coleman

鑄鐵

1976年美國Coleman在東京的新富町設立海外分支據點，開始將美國戶外用品引進日本，1984年正式成立「科爾曼日本株式　社」，於1993年日本正式擁有自己的產品線，開始針對國內市場做一連串日系產品開發。

LODGE

鑄鐵

LODGE在美國家喻戶曉，似乎每個家庭或餐廳廚房裡都能看到他們的產品，擁有超過百年歷史，創立於1896年，第一代鑄造工廠由Joseph Lodge夫妻所創，座落在美國阿巴拉契亞山脈的坎伯蘭小鎮。品牌至今歷經過兩次世界大戰和經濟大蕭條，已是美國傳奇企業之一。

LOGOS 日本露營達人

鑄鐵

屬於日本有相當規模的集團，旗下還有許多副品牌，1928年由柴田先生在大阪市創立「大三商會」，在當時還只是個小批發商，後來設立工廠及倉庫，1984年事業蓬勃發展，成為具規模的株式會社，隔年1985年開始轉型戶外用品，直到1997年正式更名為LOGOS。

CAPTAIN STAG

鑄鐵

日本鹿牌創立於1967年，在日本新潟縣三条市成立了「珍珠株式　社」旗下品牌有CAPTAIN STAG鹿牌和PEARL LIFE珍珠生活，一個是戶外用品，另一個則是廚具用品，CAPTAIN STAG商品在台較為常見。

snow peak

鑄鐵

雪花標誌是眾所皆知的日本品牌，品質優良屬中高價位，1958年由山井幸雄先生創立，早期從事金屬批發商的創辦人是一位登山好手，因當初日本市面上缺乏攀岩裝備，只能由國外高昂購入，價格不但昂貴也不見得符合使用，因此創辦人著手親自研發裝備、並實際攀岩測試，這樣不斷研發與改良造就了目前的Snow Peak企業精神。

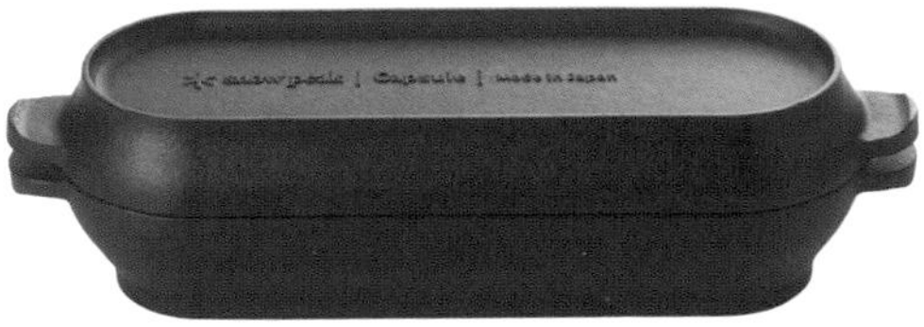

SOTO

不銹鋼

公司本名「新富士爐具株式会社」，顧名思義在烹飪用火上的相關商品居多，例如噴槍、鍋具、火爐、瓦斯、點火設備等器具有非常精良的技術。公司設立於1978年，製造廠設在日本愛知縣的豊川市，具有相當規模的大廠，在台灣買到的SOTO產品幾乎全屬日本製。

KOVEA

鑄鐵

韓國非常知名的露營品牌，創立於1982年，在韓文中KOVEA代表著高度滿意、信任之意，該品牌在當地也開發了許多巧思性的商品，外銷世界各地後也是公認的優良品牌。

UNIFLAME

冷熱軋鋼板

創立於西元1963年，公司為「信越工程株式会社」，相關產業涉略廣泛，有家庭用品、工業設備、綠化建築等等，然而戶外用品系列則是從西元1985年開始分支拓展，品牌就是UNIFLAME。

staub

琺瑯

該公司由Francis於1974年創立，發源於法國東部的阿爾薩斯，他們家的產品在廚藝界非常著名，無論是品質或外觀都受到全球消費者青睞，是許多知名大廚愛用的品牌。

LE CREUSET

琺瑯

簡稱LC， 1925年誕生在法國北部的大弗雷努瓦，近百年來遍佈世界各地，在台灣各大百貨公司都有設櫃，鍋具製作有獨家技術，結合傳統工藝及現代化設計，深受喜愛，堪稱世界第一的琺瑯鍋。

鍋具種類

鑄鐵鍋用途很廣，適合烘焙、蒸食、燻烤、油煎甚至高溫油炸，更適合長時間慢火燉煮，可說是萬用鍋。各種類型的用途有些差異，最適合居家料理的是「琺瑯鍋」與「平底煎鍋」；露營玩家則推薦能百變的「組合套鍋」因為在戶外可以發揮多用途，要煎食有淺鍋、要湯類或烘烤也有深鍋，因應俱全。中西式料理都適用的「單鍋」；不同用途的特殊鍋具最適合喜愛研究廚藝的老饕們。

傳統單鍋

最原味的經典代表，不同品牌會有些微設計差異，例如鍋蓋可做章魚燒、鍋蓋可當煎盤、長鍋腳、方形鍋身、有溫度孔、附把手等等。

⊘平底煎鍋⊘

也是鑄鐵經典之一的平底鍋，價格親民，是美國家家戶戶必備的平煎淺鍋，市售有不同尺寸，各式煎炒煮，例如燴飯、大阪燒或壽喜燒都難不倒它。

⊘組合套鍋⊘

結合傳統單鍋平底鍋的多功能綜合型，同時兼有鍋蓋、煎鍋、湯鍋等功能，還可視食材料理而變化組合，無論居家還是戶外烹飪都能得心應手。

⊘牛排煎鍋⊘

百貨專櫃十分常見，盤底突起設計除了能讓食物煎出美麗的井字烙印之外，還能將多餘油脂排出，美味與健康兼具。

⊘琺瑯鍋⊘

彩色琺瑯鍋家喻戶曉，非常漂亮，是目前最受家庭主婦喜愛的鍋種，無需特別保養、不易生鏽、不怕酸，使用上比較方便。

Variety

⊘特殊鍋⊘

多半形狀不拘、各有其特色，有橢圓型、長型、還有迷你日系適合小倆口或精緻料理使用，可用於燒魚、焗烤、蛋糕、烤布丁之類的料理。

荷蘭鍋尺寸容量

KNOWLEDGE

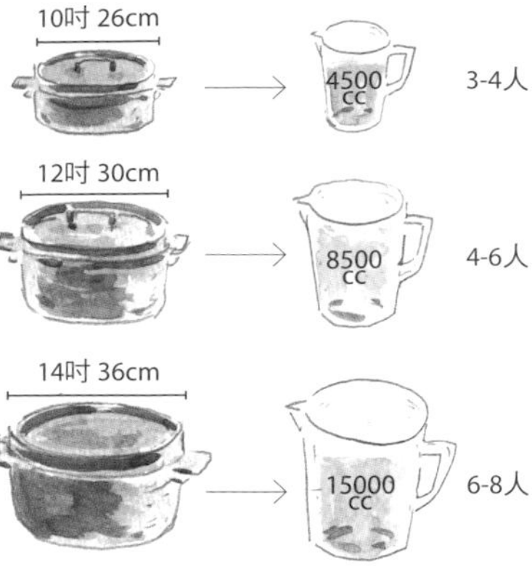

◇挑大小看人數和菜色

選鍋具大小，第一步就是考量家庭成員和露營人數，再者才是思考食材大小，例如半顆高麗菜、南瓜、全雞、牛肉塊，和馬鈴薯、番薯等數量。一口荷蘭鍋直徑尺寸決定能料理多大的食材，以生鮮市場的雞來說，一隻約1.5至2公斤左右，荷蘭鍋選用直徑10至12吋〈約26至30公分〉對四至六人家庭來說恰恰好。要是雞高過鍋深，還可將煎盤倒置充當鍋蓋。

喜愛徒手扒雞大口吃肉的人，大隻放山土雞、桶仔雞就得選用14吋鍋〈36公分〉的鍋，鍋越大重量越重，開車露營的人不太需要擔心，怕的是家人有意見。我光是第一次提回12吋組合鍋時，被家人用異樣眼光質疑，幾天後我用簡單的蒜香烤雞挽回面子，讓家人讚不絕口大呼值得。

當然選大選小見人見智，不吃雞的養身者或素食者、壓根子不吃南瓜跟高麗菜的、或重視輕裝備的都大有人在，隨便一款12吋再加上湯料青青菜菜就破10公斤，若家無壯丁使用起來也不是人人都能接受。其實不能全雞也能半雞、不能半雞也可三杯雞，我個人很推薦10吋組合套鍋，用途廣、實用性高，不佔空間且收納方便，一組帶著走搞定各種料理。

組合套鍋用法

KNOWLEDGE

淺鍋烹調適合食材面積廣的料理，例如薄餅、煎肉、燴飯等等。

深鍋是最基本的，對於米飯、湯料等等的燉煮最適合不過了。

發酵類的麵包或披薩等，能利用淺盤放置木炭來接近上火，達到適度烘焙溫度。

用來對付重量級食材，例如烤全雞、烤大塊牛除了有足夠空間之外，也有良好的熱循環。

掌握工具讓烹飪更順手

工欲善其事必先利其器，剛開始使用鑄鐵鍋時沒多想，抱回家就開始把玩，慢慢才發覺少了一些周邊裝備總是礙手礙腳。例如沒有耐熱手套時，自以為拿毛巾、抹布就可以替代，但在使用操作時卻要極為小心，因為鍋子又大又重又燙，只用毛巾抹布真的不太順手；還沒購買噴霧罐前，拭油量很難掌握…上述這些活生生經歷讓我區分了「必要性」與「次要性」的裝備周邊選擇，建議大家可以依據個人或家庭需求選擇配件，有些東西不一定需要，但有些東西卻能大加分。

少了很麻煩的必備工具

耐熱手套

千萬別小看200℃以上的高溫，除了料理中使用，烹調完的鑄鐵鍋也需要時間降溫，但有時清潔與保養須在熱鍋的狀態下進行，因此耐熱手套很重要。種類很多有皮革、棉布、矽膠等材質，請各位務必買來保護雙手！平時烹飪、保養一定用得到。

⊘鍋蓋提把⊘

用來隔絕炙熱鍋蓋用的提把，有木製柄也有整支金屬的。如果上火堆放炭火，溫度很高，使用報紙或布類是無法應付的。

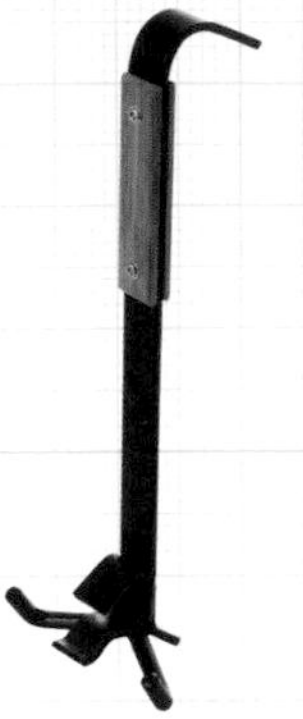

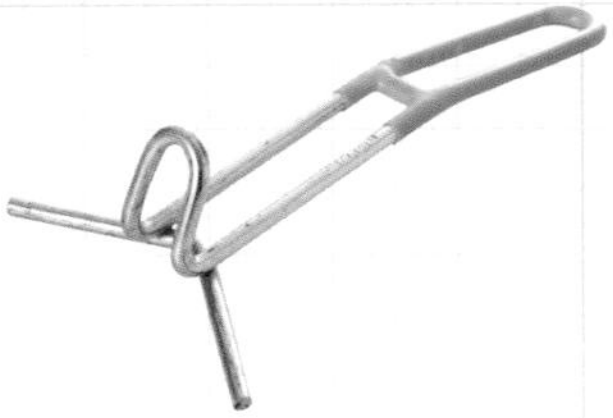

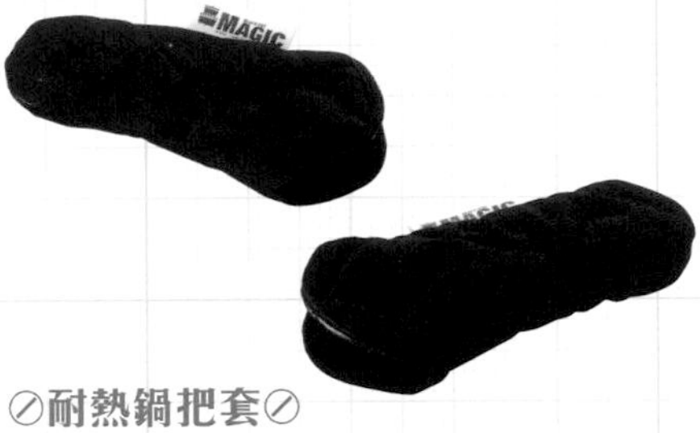

⊘耐熱鍋把套⊘

主要有棉麻和矽膠兩大類材質，鍋子是加熱後手把會傳熱，務必要小心隔熱。記得料理時要注意火源，別一直套在上面。

⊘料理夾⊘

少了它必定礙手礙腳，當鍋子有深度時，光用筷子和湯匙不容易將滾燙食材取出或放入炙熱的鍋內，必要時還能拿來快炒料理。

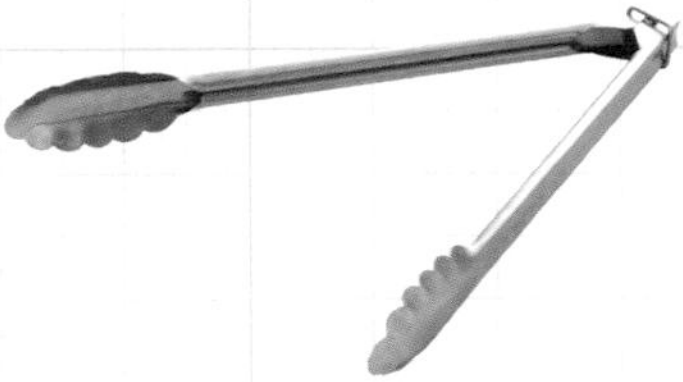

⊘蒸架⊘

置於鍋底烹調用，有隔熱、蒸烤功能，因為會直接接觸食物，建議選擇食品級SUS304不鏽鋼，購買時請注意是否符合鍋子寬度。

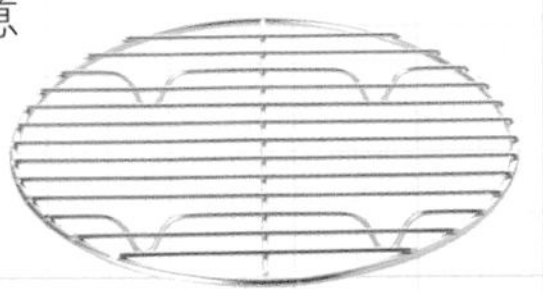

⊘炭架⊘

放置在火堆中來架高鍋具的金屬架，有可收摺的款式，收納方便。作用在保持炭柴火有燃燒空間，在野外能取石頭塊或磚頭取代，有些荷蘭鍋天生長腳此項即可忽略。

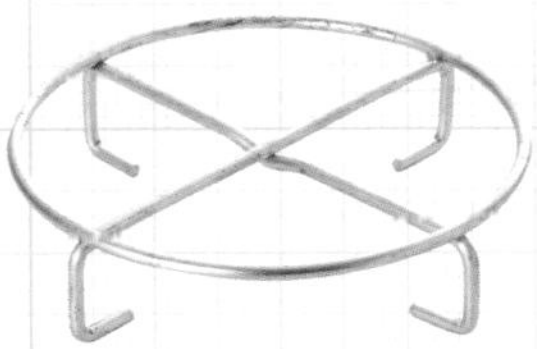

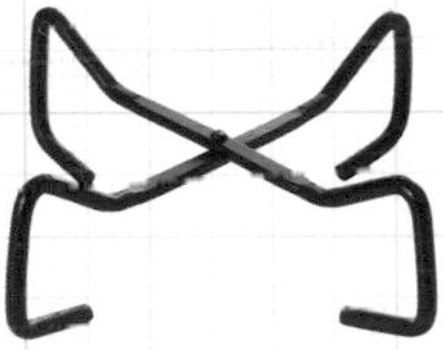

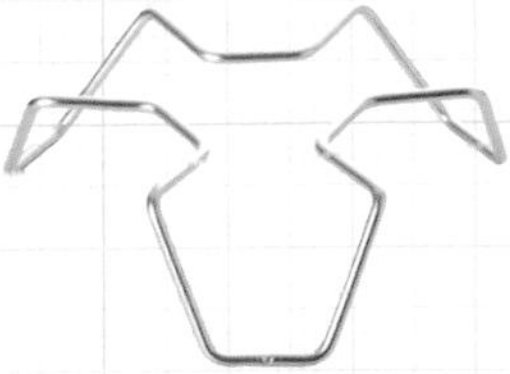

Tools

⊘不鏽鋼刷 / 鋼絲絨⊘

初次開鍋對付表面防鏽層的好用工具，日後刷洗鏽斑時也有幫助。

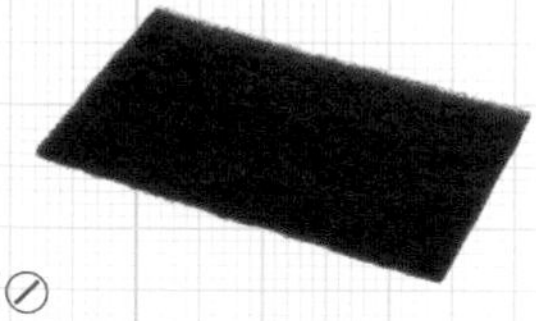

⊘菜瓜布⊘

專用於荷蘭鍋日常清潔，在戶外可拿吃剩的柑橘類果皮代替，效果毫不遜色。

⊘保養 / 食用油⊘

請以天然植物油為主，市售有烘焙用噴霧罐裝的烤盤專用油和噴霧空罐，空罐部分鑾推薦加壓式的日本調味油噴霧罐，要什麼油自己填裝，很適合戶外攜帶。最好選擇玻璃材質為，清洗方式且不易變質、無異味。

⊘無患子⊘

是我個人鑄鐵鍋的清潔御用聖品！相較其它純天然清潔物，除去油汙能力非常強悍！無患子完全無毒又可被大自然分解、用於肌膚或鍋具都非常適合，是外出露營的好幫手。

⊘木製湯杓 / 平鏟⊘

鑄鐵鍋的空燒高溫能達250℃以上，很可能融化耐熱膠，建議使用沒上透明漆的天然木製或竹製品，較無健康顧慮，尤其用在琺瑯鍋上更不怕刮傷。

⊘餐巾紙⊘

什麼都可以沒有就是不能沒有它，熱鍋上油建議使用紙漿製的餐巾紙、棉布或亞麻布，不要用不耐高溫的化學纖維布。

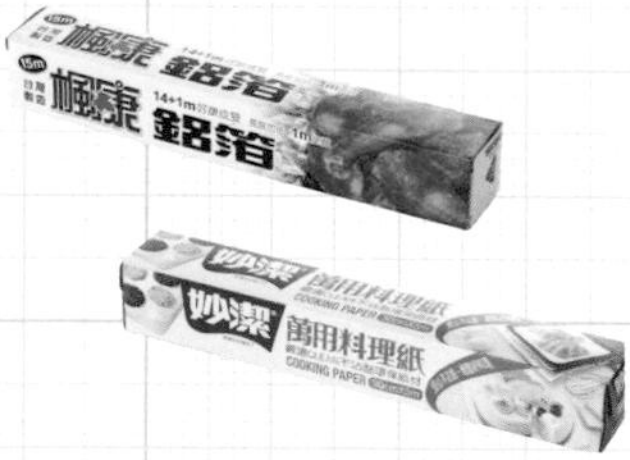

⊘鋁箔紙 / 料理紙 / 烘焙紙⊘

料理常用耗材之一，鋁箔紙不用說大家都會用，而料理紙在荷蘭鍋裡最大用途與烤箱相同，能隔絕鍋底避免沾黏、從鍋中取出食材能完整維持形狀，還可節省許多清潔時間。

◇有了很方便，沒有也無妨的輔助工具

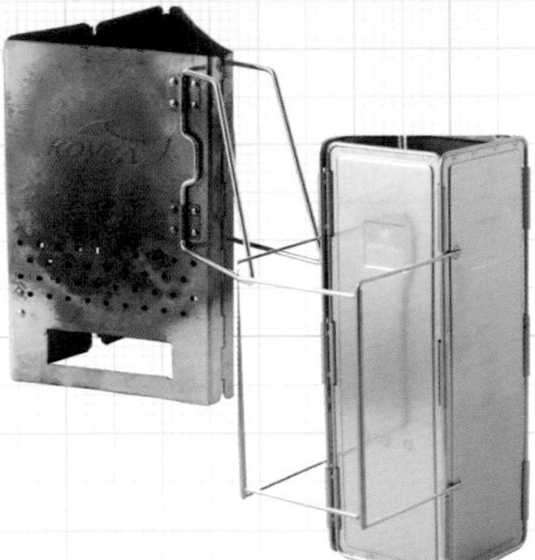

⊘火起師／起炭器／炭火預燒架⊘

名稱真的很多，是燒炭球的好幫手，尤其日式炭精這類難點火的木炭，有了它會很方便。

⊘不鏽鋼盆⊘

放置鍋底，可承接肉類滴下的油脂，例如烤雞、烤豬肉時都用得到，讓鍋子減少後續清潔麻煩，如果食材的油量不多，可以鋁箔紙代替。

⊘溫度計⊘

分為「指針式」跟「電子式」二種，都能輕鬆掌握烹飪溫度，為了不讓食物烤焦、或煮過頭讓肉類口感喪失美味，測量料理的溫度就非常重要。

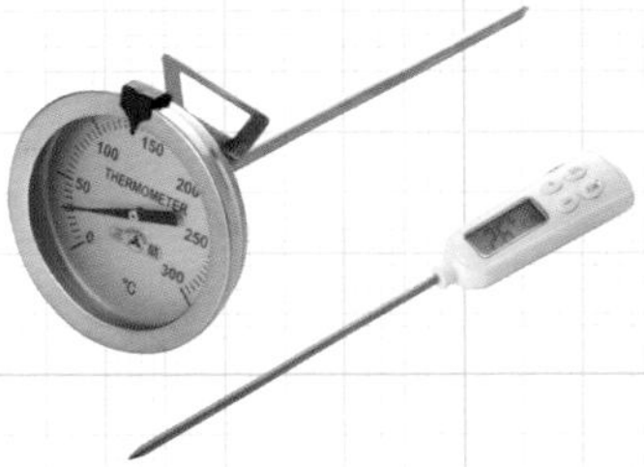

⊘焚火台⊘

保護草皮環境的火台、也是烤肉利器，可摺疊收納很方便！如果是荷蘭鍋要用的，請挑選結構強壯耐重的款式。

⊘戶外三角鍋架⊘

傳承荷蘭鍋的經典裝備，戶外感十足，特別適合圍爐燒營火，若手邊有工具、材料，也可自己DIY。

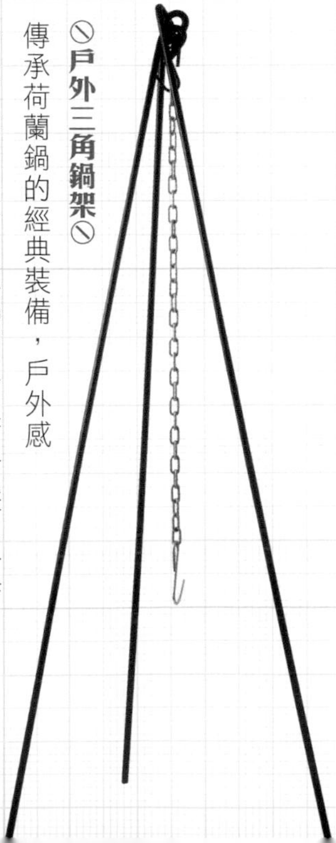

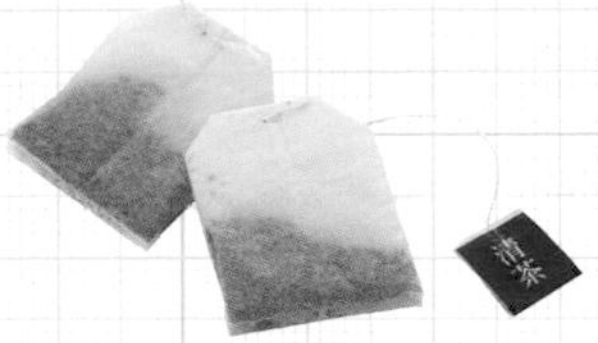

⊘綠茶包／茶葉⊘

保養鍋具用，具有防鏽和去除異味的效果。

Tools

在綠油油的草地上、滿天星星的夜空下，身邊三五好友或親愛家人，團團圍坐在火堆旁，悠閒享受大自然與美味料理…或是在家慢慢烹煮暖呼呼的火鍋與燉菜…鑄鐵鍋出得廳堂入得廚房，是家家戶戶都該擁有的好伴侶。

CHAPTER.5

鑄入美味，野炊、廚房的新鐵器時代

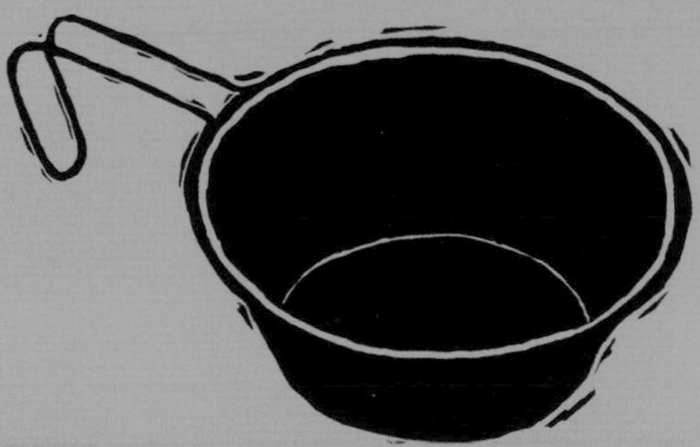

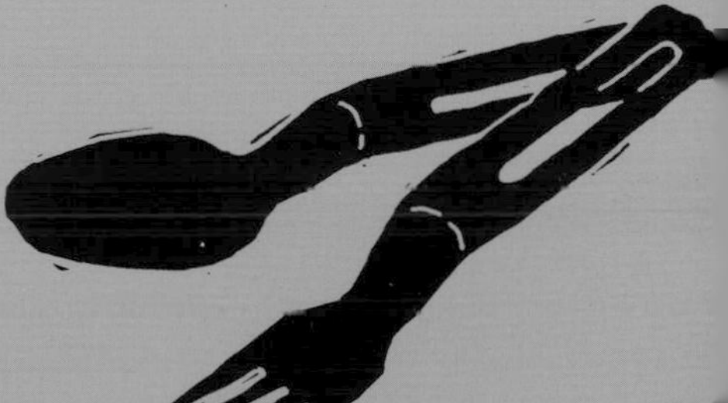

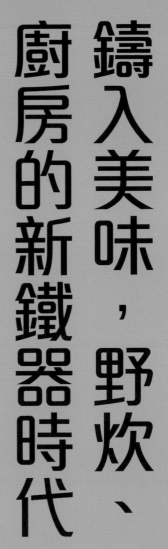

戶外火候的控制

野炊最難控制的就是火候大小，國外常用的炭類是「Charcoal Briquettes 煤球」，又稱「炭球」這種美式炭是非天然半人造的加工品，所以形狀固定、溫度穩定，使用時很方便計算熱度。依照料理方式、鍋具尺寸體積來決定炭球數量，就能掌握烹調溫度。

◇荷蘭鍋常用的木炭柴

⊘枯枝木柴⊘

野外天然資源取得容易，但缺點是火候不穩定，呈現明火、燃燒快、易起火星，濃煙帶焦油會燻黑鍋具，最好挑選乾燥的枯枝木柴，燃燒時可以減少濃煙。

⊘美式炭球⊘

歐美普及的炭火，台灣能買到的大多是炭，並非煤！如果進口品牌燒起來有異味很可能是煤或是其它黏合添加物，這類球形炭的特色就是升火容易、燃燒穩定、無煙無火舌、溫度火侯方便。一般大賣場都有賣，建議購買竹子削屑壓製的環保炭，燃燒時比較沒有特殊氣味。

⊘日式炭精⊘

炭精很難升火，需要借助工具例如火槍、火起師搭配瓦斯爐，但一旦起火就非常耐燒，可達500℃高溫，特色是穩定持久、無味無煙無火舌，燒烤店家大部份是使用這種炭火。如何辨別已經燃燒成功可以使用呢？白天時看整條炭精燒到表面呈灰白色，或夜晚看起來整條呈現微紅火光的樣子就可以了。

⊘炭火數量與溫度⊘

荷蘭鍋最具特色就是可使用上火「炙烤」，在鍋蓋上堆放燃燒炭或木柴，最常應用於烘焙料理，能有效增加鍋內熱循環以達到所需的烹飪條件。一般最基本的烹飪溫度都以180℃為基準建議值，但是火候控制除瓦斯爐以外，要精確掌握炭柴火實為不易，在經驗不足下可依據「Temperature in Dutch Ovens荷蘭鍋溫度表」來換算炭球的使用。但這個表只適用於炭球，炭精或乾柴建議另備溫度計。

荷蘭鍋炭球使用數量溫度參考表

攝氏溫度℃	8吋鍋〈約20公分〉		10吋鍋〈約26公分〉		12吋鍋〈約30公分〉		14吋鍋〈約35公分〉		16吋鍋〈約40公分〉	
	上火	下火	上火	下火	上火	下火	上火	下火	上火	下火
150℃	9	4	12	5	15	7	19	9	21	11
170℃	10	5	13	6	16	7	20	10	22	12
180℃	11	5	14	7	17	8	21	11	24	12
190℃	11	6	16	7	18	9	22	12	24	13
200℃	12	6	17	8	19	10	24	12	27	13
220℃	13	6	18	9	21	10	25	13	28	14
230℃	14	6	19	10	22	11	26	14	30	14
260℃	15	7	20	11	23	12	28	14	32	15

〈資料參考美國beprepared.com，華氏換算攝氏並四捨五入取概數值〉

食物溫度的重要性與美味關鍵

使用家用及戶外冰箱一定要知道，低溫保存的必要性就是為了抑制微生物增生和肉類酵素過度作用，造成肉品變質，所以屠體及海鮮須儘速冷卻這點很重要！這也是為什麼肉類、蝦子這種高蛋白食物必須追求新鮮。常見食物中毒的細菌如下：

常見食品中毒原因菌的生長溫度

病原菌	病原菌最適溫度〈℃〉	可生存溫度〈℃〉
腸炎弧菌	35~37	3~44
金黃色葡萄球菌	30~40	7~46
仙人掌桿菌	28~35	7~49
病原性大腸桿菌	37	10~45
沙門氏菌	35~37	5~45
230℃	14	
260℃	15	

〈資料來源中興大學〉

一般肉類溫度與肉品品質與安全

肉品中微生物活動	溫度〈℃〉	肉品品質
一般細菌均殺滅	77	肉品加熱煮熟的肉中心溫度
極少量細菌可生長，大部份細菌已死亡	60	肉品半熟
細菌增殖快，且可能有些細菌產生毒素	20~50	肉品危險區：肉品迅速腐敗，產生惡臭異味
可能有些引起食物中毒的細菌開始增殖	10~15	屠體分切及肉品加工室應有的溫度
一些嗜低溫細菌緩慢增殖	-1.7~5	屠體、肉品冷藏所需的溫度
細菌停止增殖	-1.7	肉品凍結的溫度
細菌休眠或死亡	-18	冷凍肉品保存的溫度
細菌休眠或死亡	-40	肉品急速凍結所需溫度

〈資料來源中興大學〉

MUST KNOW

美味三要素 & 國際牛排熟度標準

品肉前先懂肉品，肉類講求「Palatability可口性」美味三大要素「嫩度」、「風味」、「多汁」，不適當烹飪不僅流失營養，也扼殺掉美味三要素，火候控制非常重要，適當溫度生菌數自然就降低，甚至無菌。熟度的判斷就是溫度越高流失的血水越多，血水流失越多相對肉汁越稀少，如果以菲力部位來說，肉汁少了肉質就會乾澀，完全吃不出菲力牛排該有的鮮嫩柔軟。

讀者去好市多購買肉品時，不知道有沒有留意過塑膠袋上的烹飪溫度表？例如豬肉和魚要保持63℃以上、豬腳肉漢堡肉須71℃以上等等，因為每種畜肉、飛禽、魚類等等都各有其肉類特性，保存時請參考標示，讓食材在安全的溫度下保存，才能吃的健康又美味。

牛排軟硬適中的關鍵溫度

一分熟（Rare）	40~49 ℃
三分熟（Medium-Rare）	55~57 ℃
五分熟（Medium）	57~63 ℃
七分熟（Medium-Well）	63~68 ℃
全熟（Well-Done）	68~75 ℃

MAGIC

火侯技巧有撇步

講究道地品味 在家也能享受五星大餐

Roast Beef

RECIPE 01

Choice特選級
原味厚切烤牛排

USDA牛肉評等標準

- Prime 極品
- Choice 特選
- Select 次選
- Standard 標準合格
- Commercial 商用
- Utility 實用
- Cutter 切塊切片
- Canner 罐頭製造

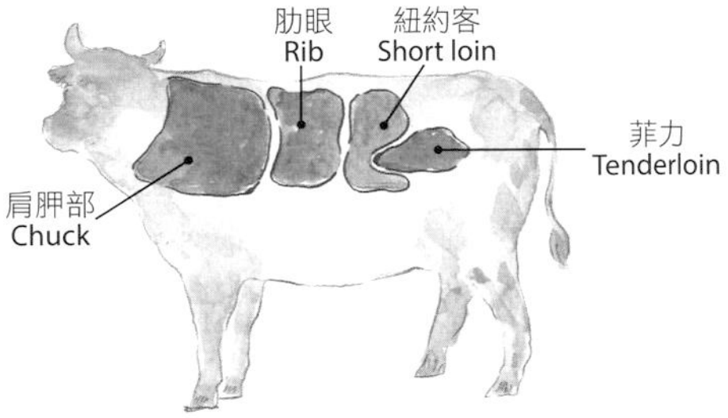

所有牛排就屬整塊厚切難度稍高，對於牛排如痴如醉的我難以抗拒誘惑，為求美味費了些功夫聚力研究，避免白白浪費掉高級肉品，料理牛排前我先學會如何分辨牛肉等級！流通率最高的美國農業部U.S.D.A制訂了一套國際屠體評等標準，共分8級，能吃到次等「Choice」特選牛肉，對一般家用已相當優質。我自己無論在家裡還是戶外都會選購嫩度最高的「菲力」，不過考量新手烹飪及普羅大眾的接受度，本食譜選擇物美價廉的特選級「肩胛板腱」部位，俗稱「嫩肩」來示範，雖然部位降了檔次但完完全全不減美味！牛肩肉屬前肢且運動大，肉質結實帶筋有口感，就因該部位帶筋多所以相較於菲力價位低廉，千萬別瞧不起它，安格斯嫩肩可是擁有不少愛好者，它油脂富含量剛剛好非常適合火燒，只要溫度掌握好縱使帶筋也是嫩中帶Q口感完美。

對饕客而言，如果買到好的牛肉肉品，無須任何佐料，講究原味，只要煎烤完加入少許海鹽或礦鹽就能美味放大，好吃到傷腦筋，有時多餘的蒜頭、奶油反而會奪去原先該有的肉香和鮮甜，當然也可隨個人喜好調味。我自己真的非常愛牛排，自從幾年前著手料理後發現其實美味就在自家廚房，成本換算十分經濟實惠！而且外頭許多牛排店為了改變肉質，會醃製食用酵素改變肌肉纖維，讓肉質變軟嫩、增加沒口感的厚度，更別說使用其它可能對身體有害的人工添加物。

◈食材準備◈

牛排

整塊肩胛板腱

天然海鹽

溫度計

牛肉部位適合：
菲力、嫩肩、紐約客、肋眼〈沙朗〉都非常適合。
(35oz 1.2kg)10吋26公分
(60oz 1.7kg)12吋30公分

POINT

100℃～110℃上下火炭球數量建議：10吋深鍋上火9～12顆、下火6顆；10吋淺鍋上火8～10顆+下火9顆，可搭配溫度計監控。

由於大塊牛肉在戶外沒辦法精準控火，溫度不小心過高容易導致外層烤焦、內層過生的情形，因此建議以低溫長時間烘烤才能做出整塊均等熟度。

如果在家烘烤，由於烤箱溫度極易控制，可在最後第6步驟端出牛肉後，然後包覆鋁箔紙靜置30分鐘，讓肉休息一下使內部緩和回溫，避免裡外溫差不同，而熟度不均勻，再以高溫240℃烤個3-5分鐘，可讓外表有酥脆口感。

◈料理方法◈

1 備肉

2 鍋子預熱

3 下鍋

❶將預先退冰的牛肉筋膜劃除，以棉線捆好固定備用。

❷荷蘭鍋溫度要先預熱，下鍋前保持在100℃至110℃間的熱度。

❸為了清洗方便，可鋪上鋁箔紙或料理紙，記得使用蒸架保持鍋內熱循環，再把整塊牛肉放進鍋中。

4 中途掀鍋

5 檢查熟度

6 切片

❹因為肉質厚實，所以通常要烤上1-2個小時不等，約烤50-60分要掀鍋把肉翻面一次。

❺持續觀察溫度計，如果測量肉質中心溫度達55-60度，即為三到五分熟程度。

❻依個人喜好的熟度起鍋切片。

RECIPE 02

西班牙Paella海鮮飯

「Paella」海鮮飯〈讀音近巴亞〉，是源自於西班牙東南部的Valencia瓦倫西亞省，那裡盛產海鮮跟稻米，當地人經常以香料混合食材一起烹煮而演變出這道佳餚。

然而Paella其實是一種煮食西班牙米飯的雙耳平底鍋，也是西班牙人料理海鮮飯不可或缺的鍋具，久而久之Paella便成為海鮮飯的代名詞，台灣比較少見Paella鍋，可以使用鑄鐵平底鍋代替。

正統西班牙海鮮飯，米飯講究口感分明，所以高湯下鍋後不能再有攪拌動作，避免多餘澱粉被釋放而增加黏性。而Paella海鮮飯的靈魂，就在於「紅椒粉」以及「番紅花」如上圖，其特有香氣是其他香料無可取代的。番紅花在進口超市都能找得到，因產量稀少又全靠人工採收，小小一瓶玻璃罐裝，裏頭只有少少幾搓花蕊卻身價不斐。找不到紅椒粉及番紅花可以用薑黃粉或番茄糊取代，可是這麼一來會比較像是咖哩飯或番茄飯了。番紅花跟薏仁一樣容易使子宮活血收縮，孕期和月事來不宜食用喔！

台灣米跟西班牙米不太一樣，進口西班牙米在台灣不好買，與台灣米相較下口感偏硬國人不見得喜歡，但西國米適合長時間燉煮，台灣米易吸水久煮會過爛，因此燉海鮮飯時要注意放入的高湯量和火候。如果使用台灣米，建議米與高湯的比例約10：8或10：9，因為其他食材還會滲出水份。

Paella

◈食材準備◈

海鮮飯

西班牙米120g
西班牙香腸40g
甜椒1顆
青椒1顆
洋蔥半顆
番茄1顆
大蒜2瓣
碗豆適量
魚高湯100ml
蝦6-8隻
蛤蠣適量
淡菜適量
雞胸肉
魚肉適量(視喜好)
墨魚適量(視喜好)
番紅花1g
匈牙利紅椒粉20g
檸檬1顆
橄欖油少許

（3-4 人份）

POINT

- 步驟4，若持續使用下火會使底部的米飯容易燒焦。
- 步驟5，檸檬角不宜過久會有苦味。

◈料理方法◈

1 備料

2 拌炒

3 調味

4 燜煮

5 提味

❶將雞肉、香腸、青椒、甜椒、番茄切丁；大蒜、洋蔥切末；檸檬切角、魚肉切塊；番紅花先用少許熱水攪開香味及顏色。

❷木炭預熱鍋子到150℃，倒入橄欖油，趁油未發煙前放入香腸快炒出油，再放入雞肉、墨魚、甜椒、青椒、洋蔥、番茄拌炒，最後放大蒜。

❸把未經水洗的乾米也下去翻炒，將食材均勻混合，接著倒入番紅花和染色的溫水、紅椒粉及高湯、魚肉塊，至此後停止攪拌。

❹如果以瓦斯爐烹調，以中小火燉煮10至15分，等湯汁被米飯吸收差不多後就關火，並利用荷蘭鍋餘熱繼續燜煮。接著再放入所有海鮮料繼續中火煮5-6分讓米飯更為吸飽高湯，隨後放入碗豆接著丟入烤箱，戶外就用100℃上火烤個5-6分。

❺最後，將檸檬角連皮帶肉塞入米飯內，等待檸檬皮香味釋出，再淋上橄欖油即完成。

Roast Chicken

迷迭香檸檬胡椒雞

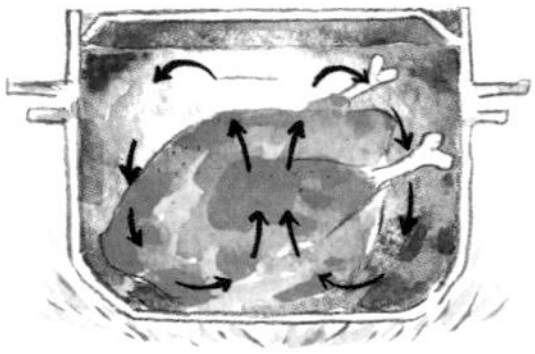

這道佳餚是台菜與義式料理混血而來，很多購買荷蘭鍋的朋友們最想嘗試的就是烤雞料理，憑良心講，初學者要烤的好吃並非是件容易的事。我自己剛開始挑戰時也曾失敗過好多次，如果想要吃到鮮嫩多汁的雞胸，溫度不能超過68°C，但肉感紮實的雞腿必須要到73°C才能烤熟，火侯與時間拿捏一不小心就會烤焦。

有幾個烹調要點可以提供大家參考，第一步選雞很重要，喜愛肉質鮮甜的人，我最推薦放山飼育「黑羽牧草雞」，肉味十足有彈性，其次是物美價廉的「白肉雞」，俗稱「肉雞仔」，脂肪含量適中，沒有紅羽土雞的硬澀口感，很適合用於烤雞。如果擔心肉雞來路不明或害怕藥物殘留，可認明國家CAS、ISO和HACCP國際認證養殖場出產的肉品。

選雞完第二步是「醃雞」，在烤雞前一天必須先醃製和按摩，不經這道醃製手續雞肉怎麼烤都不會入味。第三步「鍋內循環」是烤雞重點關鍵！很多人烤雞同時下方總會擺滿馬鈴薯或其他食材，烤雞鍋內務必淨空，多餘食材只會讓水分破壞脆皮程度、干擾熱循環，就算雞皮脆了馬鈴薯也嚴重喪失口感完全不覺得美味，若水分豐富的蒸烤也變燜燒雞囉！

第四步「不焦黑」焦味影響力十足，雞肉切開寧願沒熟也不要焦，沒熟可再回鍋，可是一旦烤焦就沒救了。而雞皮要烤到香脆不焦是需要經驗與條件拿捏。在烤雞前最好將雞擦乾，想要有完整脆皮口感的人可在表面塗抹冰糖水或楓糖漿。

比起牛排，烤全雞是需要點經驗，以140°C至150°C上下火烤1小時左右，過程可掀鍋蓋觀察皮色，溫度控制好保證鮮嫩多汁不乾澀、香味四溢不帶焦味，倘若溫度一不小心過高出現焦黑，會因焦炭味破壞整隻雞的美味，除此之外健康及外觀都嚴重打折。

白肉雞

黑羽雞

紅羽雞

◈食材準備◈

迷迭香檸檬胡椒雞

全雞1.8kg
(適合10-12吋鍋)
橄欖油1/2匙
醬油3大匙
檸檬胡椒鹽2大匙
砂糖1大匙
海鹽1大匙
蒜頭仁10顆切末
迷迭香3-4支

（3-4 人份）

POINT

140℃～150℃上下火炭球數量建議：12吋深鍋上火10～15顆、下火5～7顆，可搭配溫度計監控。

如果家裡沒大烤箱，瓦斯爐的文火也可以代替下火木炭喔！烤雞切忌火候不能大，大火容易使雞皮過焦、雞肉乾澀。

◈料理方法◈

1 按摩雞

2 醃製

3 備鍋

❶將生雞肉洗淨與橄欖油、醬油、檸檬胡椒、砂糖、海鹽和蒜末一起放入塑膠袋中按摩，讓雞肉裡裡外外都塗抹醃料。

❷再將按摩過的雞肉放到冷箱醃製一晚讓裡外入味。

❸備好鋁箔紙或鋼盆是為了清理方便，蒸架是要讓雞

4 準備烘烤

5 觀察顏色與溫度

肉與下火隔空達熱循環。

❹以140°C至150°C上下火預熱鍋子後，放入全雞等待40,60分鐘，雞的大小會影響熟成時間，可適時開鍋觀察雞皮避免過焦。

❺當皮色烤成金黃，局部雞皮略轉為微微的暗紅或雞肉內部溫度達68°C左右，就差不多可以起鍋了。

道地日本壽喜燒

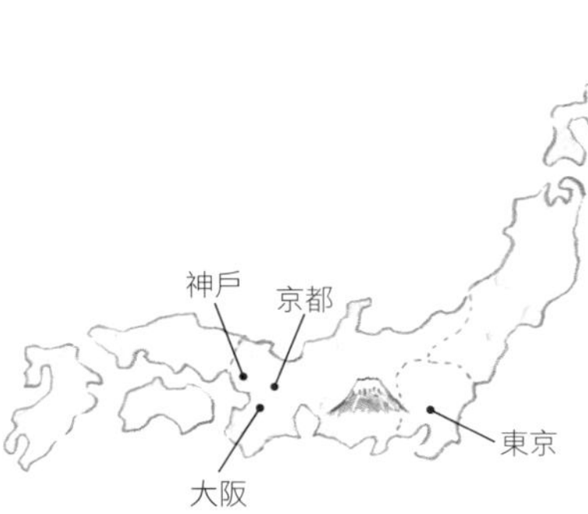

有荷蘭鍋煎盤絕不要錯過這道簡單料理，因為鑄鐵導熱快加上蓄熱能力好，能為食材穩定供給熱能，是日式餐廳選用鐵鍋的原因之一、原因之二是典故由來，享受「Sukiyaki壽喜燒」之前就要認識一下日本飲食文化，在日本當地以富士山為中央分界，所謂「關東」就是向東以東京為代表，「關西」乃是指西邊的京都、大阪、神戶，兩派人文各有特色，本章料理以食為例：關東最具代表就是濃郁的醬油拉麵、或蕎麥麵、而關西則是口味清淡爽口的鹽味拉麵、和烏龍麵，因此壽喜燒在日本自然而然也有兩大派吃法。

對日本人而言，壽喜燒是極富家鄉味的料理，又叫「鋤燒き」，根據史料紀載，於鎌倉幕府時代（西元1185至1333年間）就有百姓拿鑄鐵農具的鋤頭來煎肉，流傳演化至今變成以鍋燒肉，這時我們便能明白，為什麼有壽喜燒餐廳以鋤型鍋來當店內特色?!原來是有典故的。剛開始對家人來說吃壽喜燒跟火鍋沒兩樣啊！飽足飯後才明白，原來最大差異是「沒有湯的火鍋」，一個用大量湯底煮大雜料、一個單靠醬汁品味牛肉。

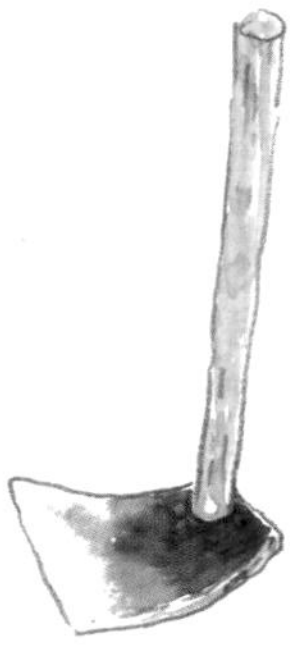

Sukiyaki

◈食材準備◈

壽喜燒

牛肉片
豆腐
蒟蒻絲
日本大蔥
(可用蔥白、蒜苗取代)
白菜
香菇
金針菇
雞蛋
日本春菊
(台灣山茼蒿)
烤麩
(可用麵筋取代)
奶油塊
壽喜燒醬
砂糖

POINT

壽喜燒醬汁在日本稱「Warishita割下」作法很簡單就是醬油、味醂、砂糖、柴魚昆布高湯熬煮而成，為達方便可購買市售的KokuMori壽喜醬來壽喜一下。

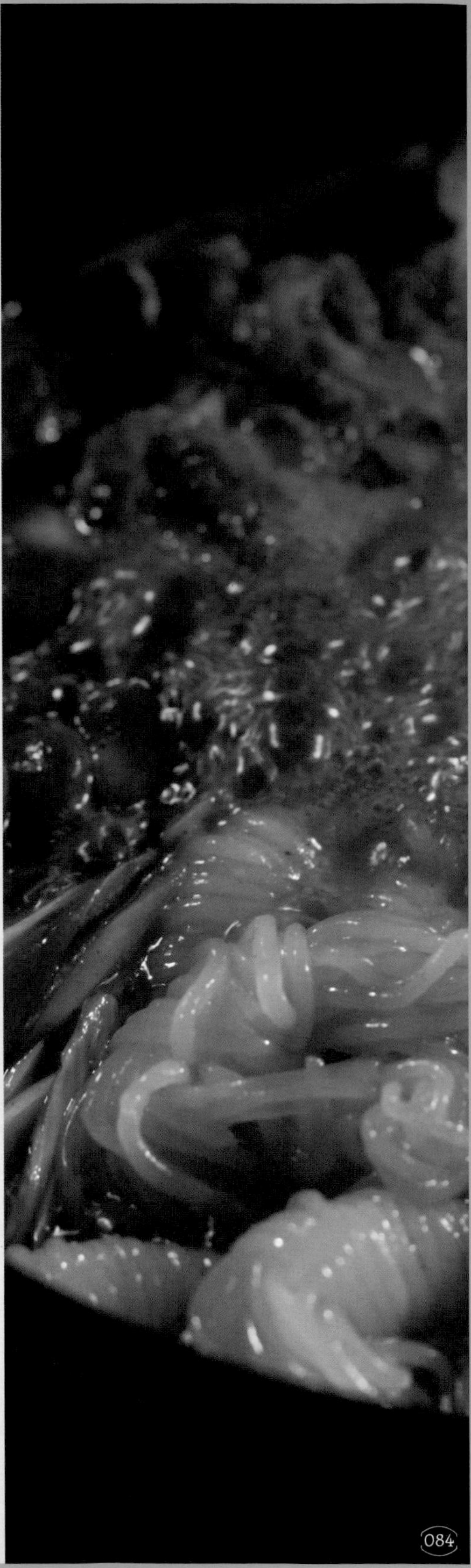

◈料理方法◈

1 放材料

2 倒醬汁

3 蓋鍋蓋

◈關東吃法◈

❶將食材按順時鐘方向排好。

❷倒入醬汁蓋鍋2-3分待熟。

❸準備新鮮生雞蛋，等待沾肉片享用。

1 抹油

2 煎牛肉

◈關西吃法◈

❶關西講究牛肉，熱鍋抹上奶油塊、鋪好牛肉片、將適量砂糖撒上牛肉、倒入少許醬汁稍微煎熟至6-7分熟，然後沾蛋汁享受！

❷牛肉吃完後，此時鍋底留有美味精華，再依序放料去吸取湯汁，蓋鍋2-3分鐘待熟後享受蔬菜的爽口中帶牛肉香。

懶人快手煮

懶得煮不代表要隨便吃，
簡單料理不等於欠缺色香味，
用最少的力氣換取最大美味，
才是懶人的最高境界，
省下來的時間就用來享受人生吧！

Oyakodonburi

RECIPE 05

人見人愛親子丼

相傳親子丼誕生在日本明治時期〈西元1891年〉以雞肉加雞蛋組合的蓋飯料理，親子丼在日本非常家常普及，取名非常風趣，所謂「Oyakodonburi 親子丼」拆開讀音「Oya 父母親」指的是雞肉、「Ko 孩子」指的是卵蛋，雞仔一家親被成為腹中物之意，而「Donburi 丼」丼物乃大家孰知的蓋飯統稱，所以親子丼就是滑蛋雞肉蓋飯！

無論居家或露營這鍋色味俱全人人喜愛，做法簡單可以火速開飯，大家也可嘗試以牛肉薄片替代雞肉，味道很下飯，是蓋飯、拌麵的好佐食，還記得上一道菜介紹過的壽喜燒醬嗎？可以直接加柴魚高湯1：1來料理親子丼。戶外烹煮米飯若嫌麻煩，也可以直接拿細麵條替代白米，過程簡單迅速不失美味，味道豐富又有飽足感，是接受度最高的人氣料理之一。

◈食材準備◈

親子丼

新鮮雞蛋6顆
大雞腿4支
柴魚7g
青蔥切絲適量
高湯3-4大匙
醬油3大匙
味醂2大匙
清酒1匙
〈可以米酒取代〉

（4-6 人份）

POINT

在日本親子丼是沒加洋蔥的，當然可依據個人喜好要加或不加。

親子丼最主要口感來自半熟的滑蛋，因此雞蛋建議選購新鮮有機蛋。

還記得上一道菜介紹過的壽喜燒醬嗎？可以直接加柴魚高湯1:1當作親子丼醬汁。戶外烹煮米飯若嫌麻煩，也可以直接拿細麵條替代。

◈料理方法◈

1 炒雞肉

2 調味

3 淋蛋汁

❶將雞腿洗淨去骨，切小塊，稍微炒香雞肉。

❷先入適當高湯稍微煮雞肉。再將醬油、味醂、清酒以完美3：2：1比例入鍋。

❸轉小火，蛋汁不打勻先淋上一半蛋汁等待蛋白稍稍凝固。

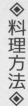

4 撒柴魚片

5 放蔥絲

❹開大火，再慢慢倒入另一半蛋汁、再撒下柴魚片關火蓋鍋悶30秒。

❺不必悶太久，親子丼最主要口感來自半熟的滑蛋，所以雞蛋不要煮過熟，最後再放上蔥絲就可以了。

紅酒燉牛肉

這是希臘赫赫有名的燉菜，當我認識這道食譜時，腦袋第一個浮現的畫面就是鑄鐵鍋，似乎只有這類厚重的鍋子最適合拿來小火燉肉，希臘很多小餐館都會有這種傳統紅酒燉牛肉，甚至其他歐洲各地也都會拿獵野鴨、野兔、鹿肉或羔羊等各種厚切肉塊，用這種調理方式來簡單烹煮。這裡以牛肉為範例，挑選最適合燉煮的牛腱部位示範。

傳統做法會把所有香草料搗碎、搭上蒜頭、橄欖油、檸檬汁將肉一起醃製個一至二小時或一整夜，我的作法為求方便，省去醃製步驟，直接將食材入鍋小火慢熬也同樣能帶出辛香氣味。時間充裕的人可以一直拉長燉煮時間，煮至牛肉軟嫩可以輕易劃開為止。從燉煮過程到掀起鍋蓋總是香氣四溢，香濃的紅酒滲透到牛肉裡，熬煮出來的牛肉鮮嫩多汁，肉汁跟酒融為一體，滋味美妙。道地的希臘燉肉並沒有放入馬鈴薯，不過吃這道菜時非常適合搭配純馬鈴薯泥及麵包，食量大的人可以把湯汁淋在飯上。

Boeuf Bourguignon

◈食材準備◈

紅酒燉牛肉

牛肉300g
紅蘿蔔半根
番茄1顆
洋蔥整1顆
蒜末10 g
鷹嘴豆1/2罐(含湯)
月桂葉2-3片
蘑菇2-3顆
肉桂棒半根
水200cc
紅酒100cc
番茄沙司3大匙
海鹽少許
胡椒少許

（2-4 人份）

POINT

料理紅酒無需太高檔，挑選平價Cabernet Sauvignon葡萄品種即可，口感帶點單寧還能平衡肉類油脂，或新世界的Merlot品種也非常適合作為餐酒。此外不愛肉桂味的朋友可減半或不放。

◈料理方法◈

1 爆香

2 下料

3 調味

4 提味

5 燉煮

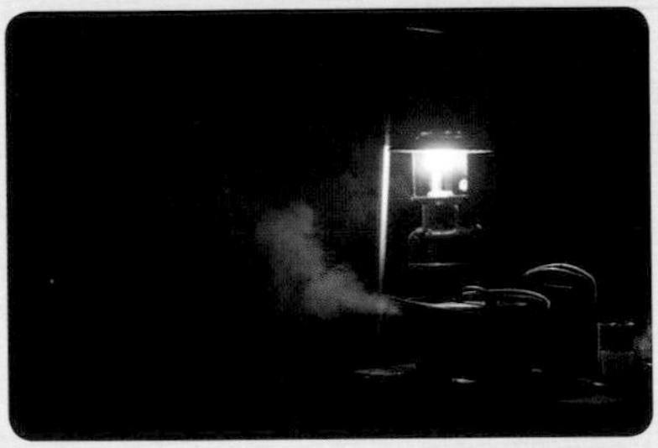

❶將大蒜切末、洋蔥切塊，以橄欖油快炒蒜末、洋蔥。

❷將紅蘿蔔和番茄切小塊、蘑菇切片、牛肉切塊一起入鍋。

❸將月桂葉、肉桂、海鹽、胡椒、紅酒、水及番茄沙司加入鍋中。

❹將鷹嘴豆罐頭連湯汁一起倒入，份量約為1/2罐。蓋上鍋蓋，以小火慢燉1小時。

❺家用薄鍋如不銹鋼因受熱不均，不適合燉煮，容易局部焦底所以建議用鑄鐵、陶瓷鍋為主。

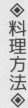

Teppanyaki

RECIPE 07

蜜汁石板燒

露營料理沒有一定的形式，只要在露營時煮的都可以算進去。無論是用整套的露營廚房設備，還是只用落葉烤地瓜、用瓦斯罐燒水泡麵，烹調的技巧不是問題，只要帶著玩樂的心情，就是一種享受。我個人最喜歡大家可以一起動手又方便的料理，烤肉是最好的代表。新鮮肉片在烤肉網上烤的吱吱作響，令人食指大動，但是烤肉架很多都是鐵網鍍鋅做成的，一旦經火烤會釋出有毒物質，吃多了有害健康。以荷蘭鍋取代烤肉架，烤出來的食物更加美味，不易燒焦且料理方法更多樣，用不用竹串都可以。再加上鑄鐵能仿效石烤板表面，再最後壓上蓋鍋收汁、也具有悶燒作用更留住肉串原味，相較起將食材直接過火燒烤還來得更加健康！

除了一般烤肉醬，喜歡嚐鮮的人可以試試日式口味的照燒，以合適的比例調合「醬油」、「味醂」和「糖」，糖可以用蜂蜜或麥芽糖取代，讓讓肉類燒出表面微微金黃色，但別焦過頭，自然就會有鹹中帶甜、甜中帶香的好滋味。

燒醬倒入時機可視家人口味喜好，喜歡焦香的人可以在食材煎至七至八分熟的時候再下鍋，著重醬燒味的朋友可讓食材稍微熟之後就全下鍋，有點像紅燒作法，當然食材也能先醃製再下鍋，三種口感盡不相同。

◈食材準備◈

石板燒

雞腿或雞胸
豬里肌
食用油
花枝丸
薑末
水3大匙
味醂2大匙
米酒1小匙
醬油3大匙
蜂蜜1大匙

POINT

- 因醬料乾煎的關係，鍋底很容易燒焦，善後再依據前章節的保養方式清洗鍋子。
- 自家料理時可以不用竹籤直接適量一次燒完。

◈料理方法◈

1 串料

2 調味

❶熱鍋均勻抹油，將自己喜歡的食材切成同等份，以叉子串好放到鍋中。

❷將薑末、水、味醂、蜂蜜、米酒和醬油調勻倒入，適時翻面煎烤，肉熟即可享用。

馬鈴薯佐雞腿

以前只有生病和剛出院的人才有雞腿吃，後來研究發現雞腿富含蛋白質、膠原蛋白、礦物質、維生素等，這些天然營養成分是幫助傷口恢復健康的營養元素，所以剖腹產後或大病初癒的病人吃燉湯多以鱸魚跟雞腿入菜。選擇雞腿料理不外乎美味好吃、又方便處理，只要稍微洗淨汆燙並醃製就能下鍋料理。單吃雞腿難以飽足一餐，可放入薯類當主食、還有根部蔬菜、小黃瓜等食材小火慢煲，過程中高溫水蒸氣會半蒸半烤將雞腿煮熟，當雞腿受熱會連帶雞汁、膠質滲入下方食材，為蔬菜提味。

別再聽信謠言馬鈴薯帶皮吃最健康，馬鈴薯皮含有毒物「Glycosidic Alkaloid 糖苷生物鹼」的化合物，含量高即使帶皮煮再剝去也於事無補，因為生物鹼已滲入薯肉，而發芽後的馬鈴薯更是整顆佈滿「Solanine 龍葵素」同樣有毒。建議發芽或出現表皮綠色的馬鈴薯最好整顆丟棄，不要食用。撇除這些帶毒的皮和芽，馬鈴薯在歐洲常被當作主食，馬鈴薯法文「Pommes de terre」就是大地蘋果的意思，因為營養價值高，它有基本的熱量〈只有番薯的一半〉、蛋白質、纖維、鈣、磷、鐵等礦物質、還有人體所需的硫胺素、胡蘿蔔素、維生素等等鎮，非常適合作為野外料理主食。

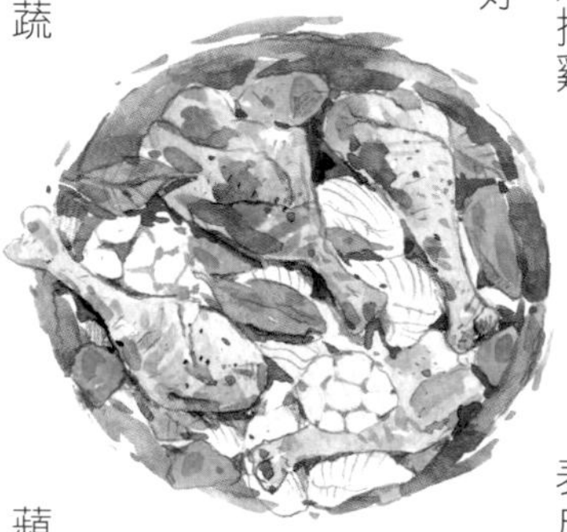

Stewed Chicken

◈食材準備◈

馬鈴薯佐雞腿

大雞腿或棒棒腿3-5隻
馬鈴薯2顆
番薯1顆
洋蔥塊1顆
小黃瓜1條
胡蘿蔔1條
橄欖油2大匙
蒜仁8顆
月桂葉2片
義大利綜合香料1小匙
醬油2-3匙
糖1匙
米酒1匙
海鹽2-3小匙
水300cc

（4人份）

POINT

上下火炭球數量建議：10吋深鍋上火12顆、下火5顆。

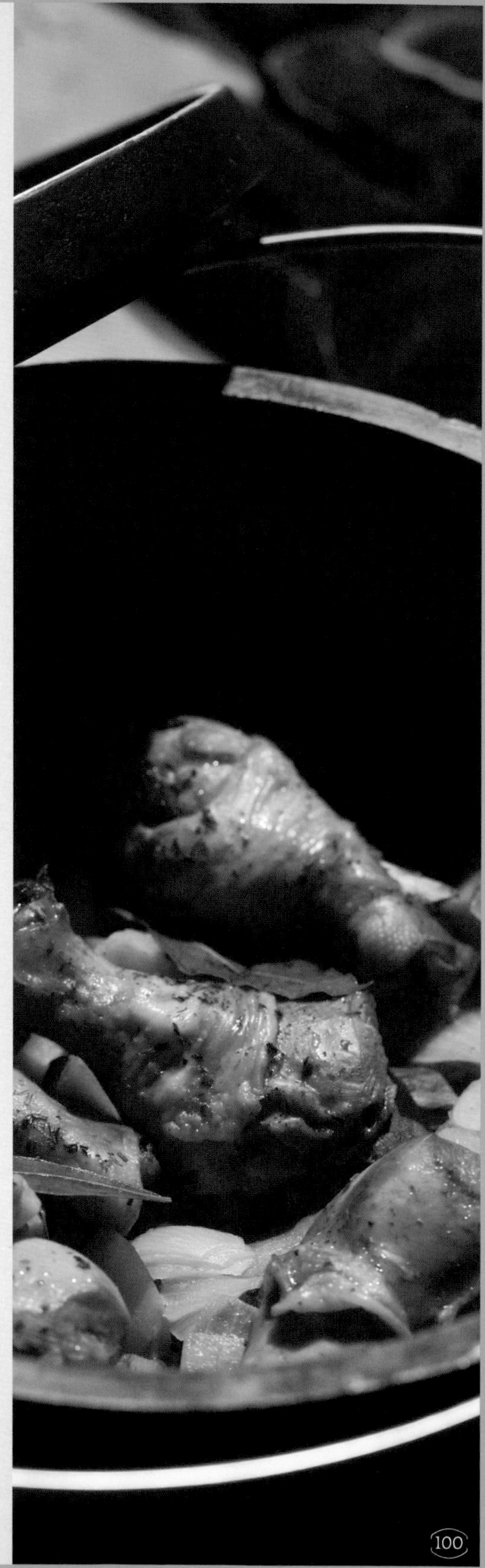

◈料理方法◈

1 下料

2 放肉

3 調味燜煮

❶熱鍋上油，馬鈴薯、番薯、洋蔥、小黃瓜、紅蘿蔔建議切小一點，先下鍋。

❷雞腿洗淨汆燙，以糖、蒜仁、醬油、米酒醃製一晚，雞腿整隻或剁塊都可，擺在食材最上方。

❸倒入水、橄欖油、月桂葉、香料、糖、鹽和米酒，如用瓦斯爐可不拘上火，直接蓋鍋小火慢煮30-40分鐘。筷子插入雞腿不帶血就表示食材已均勻熟透

Baked Mussels

RECIPE 09

白酒焗烤淡菜

有一次和朋友露營，菜單上列了淡菜，還有人誤以為是某種青菜，其實「淡菜」是一種貝類，價格樸實、營養價值高，又名「孔雀貝」、「貽貝」、「殼菜」，海產店都吃得到，經常出現在吃到飽餐廳，舉凡海鮮燉飯、義大利麵、白酒淡菜、培根淡菜等都可看到它的身影。淡菜肉質甘甜十分美味，維他命、礦物質等營養成分勝過其他蝦蟹貝，多吃富含Omega-3的貽貝類，可提增神經元功能簡單來說就是提升記憶力、預防大腦退化。

為了戶外烹飪簡便，可購買進口肥美的半殼淡菜，已經熟煮冷凍，只需稍稍水洗即可退冰。淡菜不宜烹飪過久，肉質會萎縮變硬影響口感，因為進口淡菜早已殺菌煮熟，烤食過程只要起司融化、並帶出香氣即可端上桌享用。這道菜不太需要事前準備，只要備好淡菜、TABASCO辣椒、夾漢堡的起司片和鑄鐵煎鍋就能搞定。

◈食材準備◈

白酒焗烤淡菜

半殼熟淡菜800gM號

乳酪絲或起司片

洋蔥1/4

九層塔適量

奶油1塊

甜白酒

TABASCO

乾羅勒葉

◈料理方法◈

1 取肉

2 加料

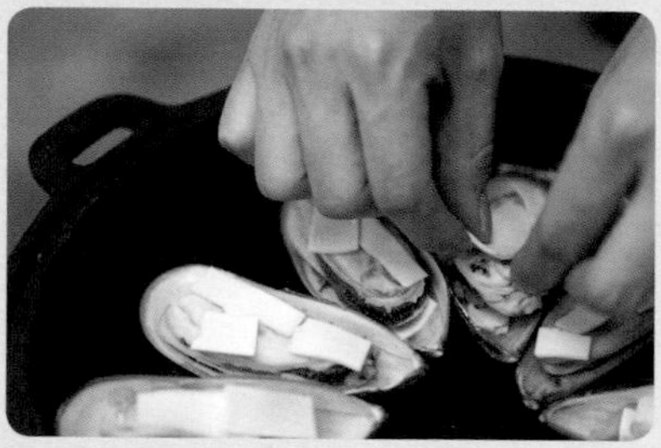

❶淡菜肉質連同貝柱〈閉合肌〉一起用刀取下，殼別丟掉。

❷洋蔥、九層塔，用奶油和些許白酒先炒香，將炒香的料放在淡菜上，滴上一滴Tabasco提味，最後放上乳酪絲。

POINT

- 如購買台灣品種未處理的生貝肉，烹煮前請務必洗淨並除去足絲。
- 淡菜不用放鹽巴，本身已有鹹味。
- 焗烤淡菜再佐一杯甜白酒是極致的美味享受。

3 烘烤

4 提味

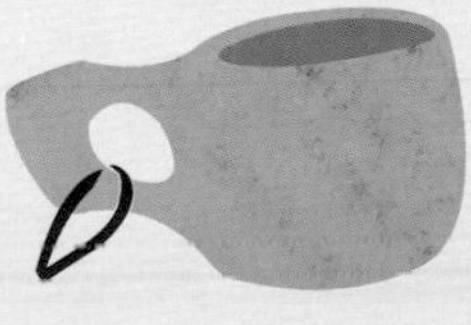

❸上下火溫度不拘只要稍微烤至乳酪融化就可以。
❹食用前撒上一點乾羅勒葉味道更好。

RECIPE 10

藥膳燒酒蝦

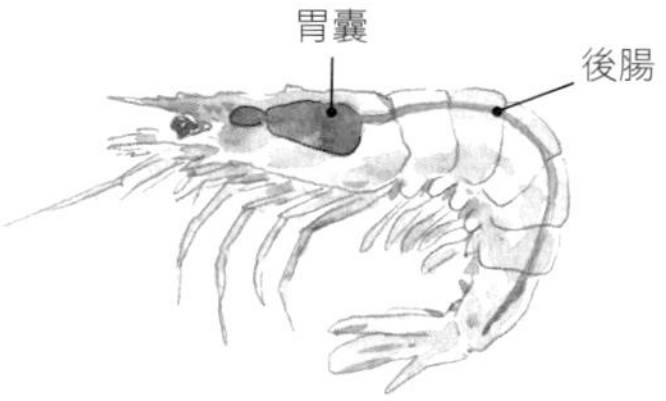

寒夜裡窩在炊事帳或家中，端上這道藥膳燒酒蝦絕對暖身補氣，如果家裡小孩、長輩冬天容易手腳冰冷，晚上難以入眠時，此帖藥膳蝦保證驅寒補氣血。

挑選蝦子第一步真的很重要，尤其家中有容易過敏者，基本上菜市場的活跳蝦請直接略過，非產地一般來說離開養殖水域的蝦不可能活太久，因為蝦跳躍掙扎過程往往把身體弄傷很難繼續存活，加上蝦對水質很敏感，也不適應原養殖池以外的第二環境，死亡率極高，倘若看到非產地的傳統市場賣著活跳蝦，都很可能是放藥讓蝦子存活。建議挑選急速冷凍蝦比較安心也方便，解凍後一樣美味又好剝殼，想吃多少就解凍多少。

新鮮蝦肉一定呈現透明結實狀、沒腥味，絕非白色更不能是紅色。不要購買剝好的蝦仁，這類蝦肉多不新鮮，往往得投化學藥物改變顏色，還有不肖業者會浸泡磷酸鹽讓蝦仁脹大、有光澤、防止變黑，增添賣相，光想就讓人提不起食慾。

蝦子含豐富蛋白所以極易腐敗，要注意賞味期，「頭胸部」是蝦子最大消化、吸收、儲存養分的器官，蝦以水中沉底物、腐敗物、魚類未消化完的排泄物、泥沙中的有機物或養殖場飼料為食物，所以蝦頭能不吃就盡量避免，料理前可將蝦頭剪去一半用夾子剔除「胃囊」正確學名叫肝胰臟，第二個要拉掉頭部以後的「後腸」就是俗稱的泥腸，這腸子從頭直通「尾扇」只要拿牙籤在尾部第2節至第3節縫處可輕易挑起全腸，可避免腥臭味和過敏；第三若買到抱卵母蝦建議剔除，因為蝦棲息水底，拖卵容易藏汙垢。

Shochu Shrimp

食材準備

藥膳燒酒蝦

新鮮蝦8大尾
老薑1片
人參鬚3條
當歸1片
黃耆10片
川芎2片
枸杞6g
紅棗3顆
橄欖油
鹽1匙
米酒500ml

（4-6人）

POINT

避免引發過敏及衛生，蝦一定要新鮮，而且蝦囊、泥腸務必挑除。

避免煮過熟，會使纖維蛋白過度僵硬口感變差

◈料理方法◈

1 開背浸泡米酒

2 炒中藥

3 下酒

4 煮蝦

5 起鍋

❶蝦子去除腸泥與頭部的蝦囊，蝦背稍微劃刀，放入米酒浸泡約10分鐘，撈起後保留米酒備用。

❷取炒鍋下2大匙橄欖油，將所有中藥材快火炒香。

❸倒入泡蝦米酒將中藥一起煮滾。

❹湯汁煮滾後再放蝦。

❺煮到蝦變紅就好不宜過久，起鍋前加點鹽就可以上桌。

帶著孩子去野餐

大手牽小手，一起進廚房，野外就是遊樂場，
跟著孩子一起動力，感受生活與美食的樂趣，
酸甜苦辣伴著陽光涼風，是最美的回憶。

Baked Egg

RECIPE 11

美式蟹肉砂鍋蛋

舒服睡到自然醒的週末假日，許多人會選擇吃頓豐盛的早午餐，來度過悠閒的午間時光。除了定番的漢堡、三明治之外，美式砂鍋蛋也是個好選擇，將各種喜歡的餡料堆疊起來，煎烤得外酥內軟還有融化的起司，再淋上濃稠的美味醬汁，光想就教人垂涎。

美式戶外料理都非常粗獷，手法豪放絕不含蓄，很多料理看似隨便沒章法，但絕對美味。這道食譜叫「Egg Casserole」砂鍋蛋，可是中文直譯砂鍋有點怪，意思比較接近港式的「煲」鍋料理，有慢火烹飪之意，非常適合鑄鐵鍋。

融化的起司配上馬鈴薯、雞肉、蟹肉，一層層的好料完美結合，最上方再放上幾條培根，用鍋蓋上火烤到金黃微焦，培根流出的油脂讓煲蛋增添香氣，這麼讓人食慾大開的料理，不用一個小時就可以做出來，讀者在家不妨嘗試看看。

◈食材準備◈

蟹肉砂鍋蛋

蟹肉130g
雞胸肉2-3條
馬鈴薯1-2顆
培根4-6片
蘑菇酌量
雞蛋4-5顆
洋蔥半顆
乳酪絲60g
鹽
噴霧油

（4人份）

POINT

- 上下火炭球數量建議：10吋深鍋上火13顆、下火6顆、10吋淺鍋上火6顆+下火6顆。
- 建議購買去殼蟹肉，為了家人健康盡量避免魚漿染色的加工製品。

◈料理方法◈

1 上油

2 備料

3 馬鈴薯做底

❶鍋內噴上油並擺放烘焙紙，紙內也需要噴油。

❷將蛋汁與蟹肉拌勻備用。

❸把馬鈴薯切片平鋪鍋底，接著放入切成小塊的雞肉，最後才是倒入蟹肉蛋汁。

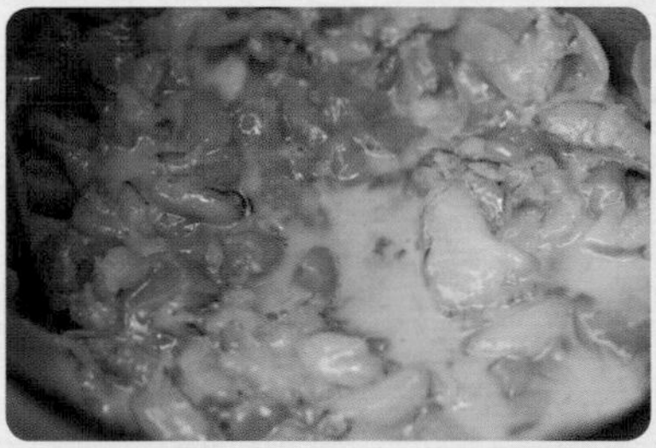

4 煮蛋汁

5 燜煮

❹可以稍稍攪拌一下蛋汁和肉類食材，讓它們分布均勻，有助於烹飪後的紮實口感。

❺撒上蘑菇片、洋蔥絲、大量乳酪絲，最上方再鋪上培根，最後蓋上鍋蓋等待上下火約30分鐘即可完成。

海鮮披薩

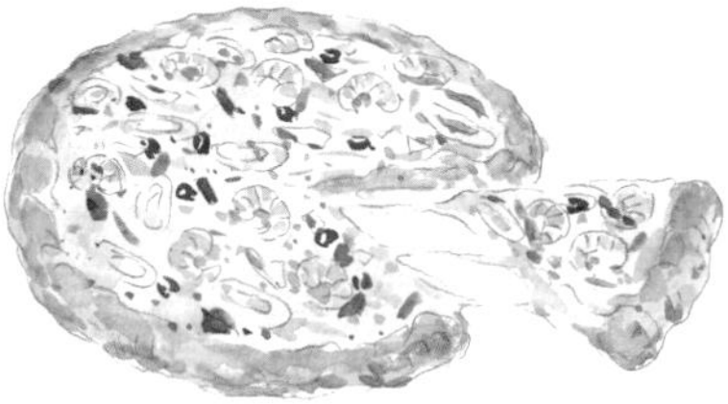

義大利當地的披薩店跟台灣 7-11 超商一樣多，世界各國也隨處可見，是一種永遠風靡全球的美食，出菜快又美味，也是現代最佳速食餐點。用荷蘭鍋在野外做披薩，一點都不難從無到有也能輕鬆自己來。只要準備發酵麵團、主料、乳酪、番茄醬、就能做好一桌美味。這道料理很適合與孩子在露營時 DIY，可以邊做邊玩，又可以把自己的成果吃下肚，小朋友們一定玩得不亦樂乎。

不必擔心餅皮失敗，好吃的第一步先學會「標準發麵」，只要麵粉加入酵母，以雙手的掌根部反覆推揉。在砧板上揉麵團，將麵粉中的蛋白帶出筋性再經過發酵，使麵團充滿二氧化碳來增添口感及風味，而做好的新鮮發酵麵團可冷凍保存一整個月，要吃的前一晚再將麵團拿出來冷藏解凍，可省去戶外製作麵糰的費時。解凍的麵團使用前再次揉打，烤出的口感與現做的麵團幾乎沒什麼不同。

Seafood pizza

◈食材準備◈

海鮮披薩

高筋麵粉75g
中筋麵粉75g
酵母粉2g
雞蛋1顆
橄欖油10g
鹽1/2匙
義大利綜合香料1小匙
白砂糖5g
溫水 30ml
蘑菇適量
鮮蝦適量
黑橄欖3顆
番茄沙司1大匙
乳酪絲120g
奶油1塊
洋蔥1/4顆
九層塔適量
蒜仁4顆
蟹肉65g
小生干貝適量
小卷適量

（10-12 吋）

POINT

- 210℃上下火炭球數量建議：10吋深鍋上火17顆、下火8顆；10吋淺鍋上火9顆+下火8顆。
- 番茄沙司、和食材水分不能多、而放乳酪絲的量別手軟。
- 在戶外時建議全程炭火恆溫烘培，請避免使用受熱不均的小瓦斯爐。

◈料理方法◈

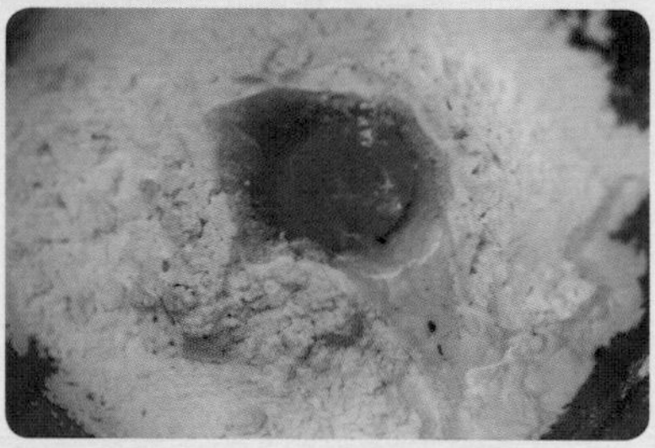

1 拌麵粉

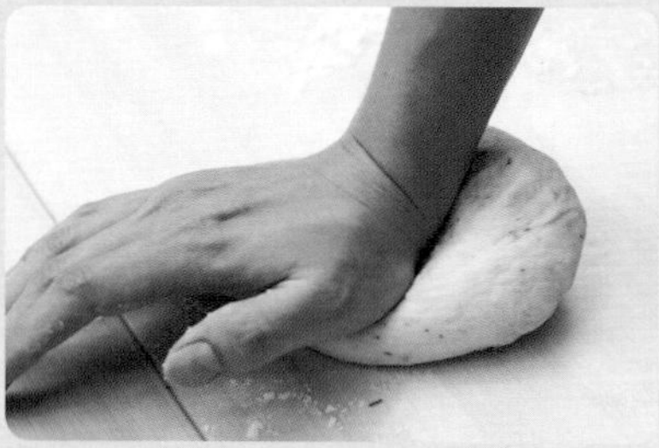

2 揉麵團

3 炒食材

❶酵母粉先以30℃溫開水攪拌備用。

蛋、鹽拌均勻後入麵粉裡，再依序倒入橄欖油、酵母水、香料混合成團，揉至表面光滑不黏手。

❷可在砧板或桌上灑麵粉作業，接著把麵糰分割幾小塊，放入容器蓋上戳洞的保鮮膜避免風吹等30分鐘發酵（若氣溫低

◈料理方法◈

4 製作餅皮

5 抹醬料

6 放料

7 入鍋

8 烘烤

於 20℃則需要 1 小時）。

❸待麵團發酵期間，用平煎鍋融化奶油，將洋蔥丁、蒜末，蝦仁、蟹肉、小干貝及小卷，以大火炒出香味並收汁、或瀝乾。

❹正常麵團發酵會膨脹成 1 到 1.5 倍大，摸起來濕潤又蓬鬆，因為裡頭充滿二氧化碳和有機物。再將麵團二次推揉讓表面富有彈性，就可以製作餅皮。記得放披薩料前，先在餅皮底部墊上烘焙紙，把麵團慢慢推開成餅狀，為了避免受熱過度膨脹與變形，要用叉子在餅皮上戳洞。

❺在餅皮上抹上均勻適量的一層番茄沙司，接著灑下 2/3 乳酪絲。

❻將炒好的海鮮配料平均鋪在餅皮上。

❼將披薩連同烘焙紙，放入荷蘭鍋中，最後再灑上剩下的 1/3 乳酪絲。

❽上下以火 210℃左右的溫度烘烤 12 - 15 分鐘就完成了。

Chocolate Brownie

RECIPE 13

酒釀巧克力布朗尼

陪孩子DIY任何一件事物都很有教育意義，跟披薩一樣和孩子共同親手烘培料理，在過程中伴著驚呼嘻笑，孩子臉上盡是滿足笑臉，你會發現這是生活中最平凡的幸福，也是陪伴孩子最美好的時光回憶。花費40分鐘就能完成，在午後吃上一口濃郁的巧克力蛋糕搭配現煮咖啡或鮮奶，沒甚麼能比得上這口更小確幸。

巧克力布朗尼在世界各地做法大致相同，麵粉、可可粉、香草粉、巧克力塊，點綴食材不拘，有核果、有奶油、糖霜、果乾、冰淇淋等。外商大賣場有販售已經調配好比例的預拌粉，盒裝裡面共六小包，每小包淨重約580-600g，能做出剛剛好六個蛋糕杯份量，最適合26cm到30cm荷蘭鍋底烘烤一大塊，約六至八人享用。預拌粉大多是美國原裝進口，比例也是按照西方人口味量身訂做，對東方人來說甜度太高，這裡的食譜我採用降低25%甜度的做法，吃起來更順口。為了讓巧克力布朗尼增添風味並降低甜膩度，我以雪莉桶的威士忌釀果乾，讓布朗尼的味道更豐富有層次，當然也可以改用葡萄酒、白蘭地或甚至麵包師傅御用的蘭姆酒。

荷蘭鍋蓄熱均勻持久、鍋壁保溫力強，再加上炭火溫和，非常適合烤蛋糕，利用烘焙紙以及鑄鐵鍋天生形狀，就能輕鬆烤出大小適中的蛋糕。布朗尼完成後連紙直接取出，鍋了根本不用清理，是一道看起很難，卻意外簡單又好玩的料理，如果孩子在戶外一定要吃慶生蛋糕，不妨從DIY布朗尼開始？

◈食材準備◈

巧克力布朗尼

酒
乾果
預拌粉450g
低筋麵粉150g
雞蛋1顆
牛奶100g
橄欖油75g

POINT

☞170℃上下火炭球數量建議：10吋深鍋上火13顆下火6顆、10吋淺鍋上火7顆下火6顆。

☞判斷布朗尼蛋糕熟了沒，可拿筷子從中間插看看巧克力漿是液態還是微微固狀？若筷子上的巧克力漿嚐吃起來有粉味，表示麵粉未熟。

◈料理方法◈

1 酒香釀果

2 預拌粉入料

3 攪拌

❶前一晚先用酒香釀好乾果，當然醃越久越入味。

❷將麵粉、預拌粉、牛奶及雞蛋倒進盆中。

❸將麵糊攪拌均勻後放人釀好的乾果。

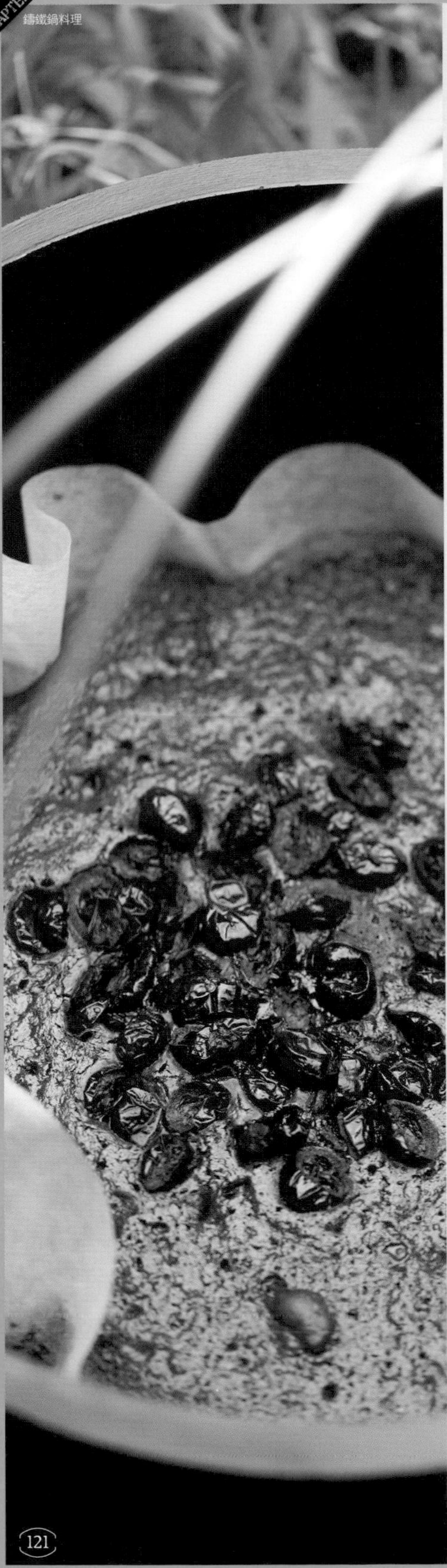

4 鋪烘焙紙

5 入鍋

6 備火

❹荷蘭鍋預熱後，戴上手套在鍋子裡小心鋪好烘焙紙，紙內也建議噴上一層油預防蛋糕沾黏。
❺將拌好的麵糊倒進鍋子，約2/3滿。
❻蓋上鍋蓋，以約170°C的溫度烤40分鐘。

日式大阪燒

源自日本的一種鐵板料理，正確日語名叫做「御好燒」〈お好み焼き〉在當地也稱「什錦燒」，作法簡單，愛吃什麼料就放什麼料，放隻龍蝦都沒問題，最重要是隨便煮都不失敗。

御好燒在日本也分為兩派吃法，關西風的派別就是大家熟知「大阪燒」、廣島派則直稱「廣島燒」，兩地發源其實並不相同。日本昭和時期，來自大阪的軍艦廚師在義大利邊境吃了煎餅後，學習作法將料理傳回日本，口味大獲好評，後來廚師改良作法與食材在大阪開店，流行起來延續至今，就是廣為人知的大阪燒。

廣島燒的起源是明治時期，東京當時只有簡單醬油調味的煎餅，也因物資缺乏，有人將麵粉加水，加入蔥花和少量蔬菜，做成廣島燒。直到二戰結束物資生活不再艱苦，廣島燒的食材才出現煎蛋、肉類等。

兩者發展歷史雖不相同，但作法食材都已現代化，因此差異不大，例如炒麵、高湯、雞蛋、海鮮、肉類、柴魚、海苔、山藥等都是日本御好燒常見的入料食材，它可說是日式披薩。製作方式非常簡單，準備麵糊、雞蛋、主料，倒入鐵板兩面煎熟就可以了，無論在家或露營，帶著小朋友一起試試吧！再討厭吃飯的孩子，都不無法拒絕這道大阪燒的誘惑。

傳統大阪燒是使用鐵板，利用鑄鐵鍋來取代鐵板更適合不過了，烹飪時如果害怕麵糊過厚或味道不夠，可放入玉米粒，或直接用玉米罐頭的湯汁代替水來攪和麵粉，這樣能讓酥脆的餅皮更帶點香甜滋味。另外，製作麵糊時強烈推薦一併加入適量的山藥泥，一來增加營養價值、二來增加食材黏著性，不會因翻面而讓食材容易鬆散掉落。

Okonomiyaki

◈食材準備◈

大阪燒

高麗菜1/4

培根3-4片

白蝦適量

雞肉適量

海苔粉

柴魚片

蛋黃醬(美乃滋)

大阪燒醬

中筋麵粉200g

高湯150g

雞蛋1顆

山藥泥20g

POINT

麵糊可以調的濃稠一點，因高麗菜會出水稀釋麵糊。

山藥泥過多會使麵糊不好推開，導致過厚。

早餐延伸！僅僅單純將薄麵糊倒入鍋中、再搭配雞蛋也能變化出美味可口的蛋餅唷。

◈料理方法◈

1 做麵糊

2 下鍋煎

3 放料

4 翻面

5 淋上大阪燒醬

6 加上美乃滋

7 撒上柴魚片

❶將麵粉、高湯和雞蛋混合攪和均勻，放入高麗菜絲後加入山藥泥。

❷油鍋預熱後倒入麵糊，將麵糊舖平鍋面。

❸將其他食材平均放置在麵糊上。

❹待麵糊底煎至金黃再翻面煎，筷子插入麵糊拉起後以不沾粘視為起鍋標準。或稍微輕壓〈勿施力過度否則塌陷〉，若呈緊實狀、有些微硬硬的，就代表已經熟了。

❺將大阪燒醬均勻抹平。

❻美乃滋不必太多，細細的淋成格子狀。

❼柴魚片先放入塑膠袋、或稍微雙手搓細後再撒下，就完成一道美味的大阪燒了。

Pork Chop Sandwich

RECIPE 15

元氣肉蛋吐司

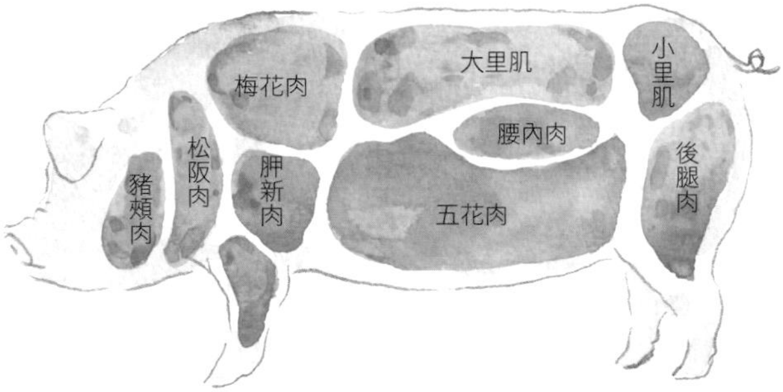

肉蛋吐司怎麼聽、怎麼看都覺得平淡無奇，可是台中知名早餐店曾被媒體爭相報導、還獲得網友評鑑美食5顆星，店家生意好到驚人。其實不用大排長龍，在家或是野外露營自己來，只要將預先調理好的肉排拿出來香煎一下下，搭配煎蛋、烤吐司、生菜，早餐一樣豐富美味。

豬排首選肉質結實的大里肌部位，大小最為適中，沒有過多脂肪，吃起來不會太過油膩。想要每一口咬下都軟嫩，事前功夫不能馬虎，單靠糖分來軟化肉質蛋白還不夠，肉排買回來請先處理肉筋，可避免鍋煎受熱時變形彎曲，再隔著料理紙以肉槌敲打，破壞肉的組織纖維，最後放入密封袋準備醃漬。

蔬菜選擇更多元，喜歡什麼隨意加，羅美芯、小黃瓜絲、苜蓿芽、豆芽菜都可以。講究一點的人，把麵包烤的香酥，夾進爽脆蔬菜和鹹香肉片，美好的早晨讓金黃酥脆的肉蛋吐司來喚醒睡意吧！

◈食材準備◈

肉蛋吐司

豬里肌350g
醬油3匙
蒜仁3顆
米酒1匙
糖1匙
吐司半條
雞蛋視人數
美乃滋或番茄醬
生菜

（2-4 人份）

POINT

前面幾道食譜提過壽喜燒醬、照燒醬、或是烤雞的台式檸檬胡椒鹽，都可以創意發揮你們家的醃製口味唷！

◈料理方法◈

1 備料

2 去筋

3 拍打

❶將生菜洗淨瀝乾備用。

❷里肌肉買回來先切斷筋，避免受熱變形。

❸用肉槌輕輕均勻敲打，破壞肌肉纖維讓肉質軟化，用醬油、米酒、糖和蒜末醃漬一夜。

4 油煎

5 組合

❹平底鍋熱鍋後，噴上油，先煎完蛋，再煎肉。鑄鐵鍋受熱快又均勻，非常適合煎肉排，其中不沾特性還能把食物煎出漂亮色。

❺在吐司內夾入生菜、蛋和豬肉，淋上美乃滋和番茄醬就完成了。

集結了許多親朋好友及網友的來信相關提問，與歸納幾個特別重點，希望鑄鐵愛用者如有類似疑惑，可以方便索引並找到適當解答。

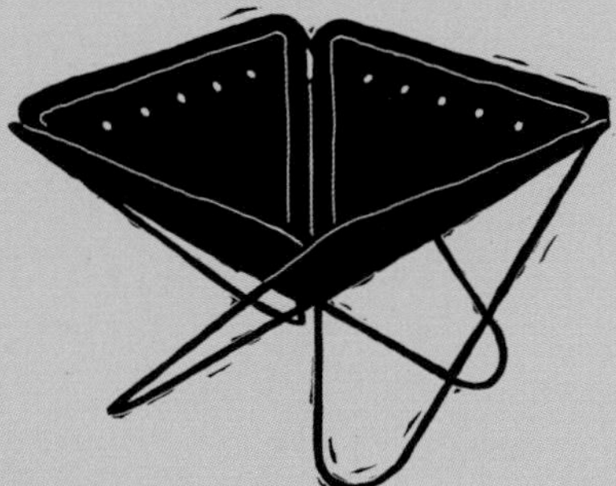

CHAPTER.6

Q & A

Q1

挑選荷蘭鍋五大祕訣

鍋與鍋蓋之間不能「搖晃」、「翹歪」，鍋壁之內外兩側不能「凹凸不平」，檢查表面有無「裂縫」和嚴重「痘疤」絕非迷思氣密度和煮沸水看蒸氣。

Q2

要做下一道菜了，鍋子熱呼呼該如何馬上清洗？

用熱水，減少鑄鐵和珐瑯鍋的表面強烈高低溫落差，而導致熱漲冷縮破壞鍋具，珐瑯鍋冷熱交錯容易使塗層崩裂脱落。

Q3

鑄鐵鍋每次都要這樣泡沫洗淨，再上油嗎？

完全不需要，所謂養鍋就是以油脂養護鍋子，適量天然泡沫只是為了要除去大量油膩、殘留物和異味，沖洗後保留下來的部分油脂才是養鍋重點，換句話説，並不是每次洗鍋都要玩一次空燒抹油。吹毛求疵的人，當然也可以每次徹底洗淨再空燒抹上一層「低溫植物油」。

Q4

哪種食用油最健康？也最適合保養鑄鐵？

食用油與保養油最好分開，如果真的很懶，以趨近於中間值來看，建議選擇「多元不飽和脂肪酸」類、且發煙點低的「低溫植物油」。除了健康營養價值高，適量擦拭讓鍋子稍微高溫就馬上使脂肪酸鏈氧化聚合來保護表面。多元不飽和脂肪酸不耐高溫烹飪會直接氧化影響健康，如果可以的話，食用油與保養用油分開選擇較好。

Q5 我該選擇茶包養護法？還是選擇植物油防鏽？

在日本通常利用單寧酸〈鞣酸〉來保護鑄鐵，多半用於南部鐵瓶和鐵壺等這類防鏽處理；然而荷蘭鍋天生就是食用鍋具所以接觸油脂很頻繁，本身就具有防鏽效果，當然完美追求者更能雙管齊下，先以「多元不飽和脂肪酸」的氧化聚合、再以「鞣酸鐵」強化鑄鐵表面，除此之外茶包還能消除異味，還可帶點茶香適合長時間收納者。

Q6 荷蘭鍋上面的保養油被反覆加熱真的沒問題嗎？

附著於鑄鐵表面或細孔中的食用油非常微量，經烹煮高溫會蒸發掉大部份的油，殘留的油多半已氧化聚合成為碳化物得以保護鍋子，構不上人體健康危害，無須過度顧慮。反倒食品的人工添加物和食材不當烹調，遠遠大過於這微不足道的顧慮。

Q7 鑄鐵鍋能煮酸性食物嗎？

一般來說，鑄鐵鍋都盡量避免長時間烹煮酸性食物，例如柑橘類果汁、紅酒、豆類等，酸會把鐵氧化帶出金屬味影響食物味道，但對身體無害。根據研究發現，使用鐵鍋烹飪上述酸性食材，能有效提高20倍具有活力的鐵質讓人體吸收，美國預防醫學雜誌也建議把富含鐵質的食物和酸性食材一起煮，能提高鐵的10倍吸收。另外，琺瑯鍋因為鑄鐵已被包覆，所以不會有酸性化學反應產生。

Q8 木炭該如何選擇？

依據用途來選擇，要方便掌握溫度就得選炭球來計量，起火快又方便，大賣場能輕易找倒這類環保炭球〈竹子屑製造的〉，雖然無煙無味可惜不耐久。如果是取暖或烤肉這類不須控溫的用法，就推薦日式炭精，同樣無煙無味可是非常耐久，市售炭精多是整箱販售。

Q9 溫度計要買哪一種？

最常見分為「指針式」跟「電子式」兩種，主要差異在於指針式可插入鍋內持續加溫，有效連續觀察內部溫度，缺點是反應較慢、刻度容易誤判。電子式講求精準、迅速，方便觀察能隨插即用，最大特色有設定溫控範圍來警告聲響，缺點是價格昂貴、油鍋內不可持續測量。荷蘭鍋初學者建議選擇價格實惠的指針式，最高溫度250°C至300°C的最實用。

Q10 任何鍋具都不能長時間空燒？

鑄鐵材質很耐高溫，但是鐵弗龍、琺瑯塗層鍋千萬不能空燒，除了鐵弗龍極可能會釋放出化學毒物，也可能因為高溫而破壞鍋具表面。

Q11 使用鋁箔紙對人體有害？

生活周遭全充斥著鋁製品，登山鋁鍋組、輕薄平底鋁鍋、鍋燒店的雪平鍋、料理用鋁箔紙、煮飯內鍋、飲料罐等等全是鋁製；根據阿茲海默症協會官方指出：事實上在六〇年代和七〇年代，就早已提出鋁導致該症狀的疑慮，如日常使用到的這些鋁製鍋碗、飲料罐頭、制酸劑〈胃藥〉、止汗劑等，自那時以來，科學研究未能證實任何鋁導致阿茲海默症的發病，如今其它領域的研究，也很少有專家相信每天生活上的鋁製品會構成該症狀威脅。英國牛津大學神經病理學院也報告指出，鋁與老人癡呆症無關，引發老人癡呆症的元兇為「Protease 蛋白酶」以及基因遺傳有關，所以迷思謬論就別再以訛傳訛了。

Q12 琺瑯鍋如何保養？

琺瑯鍋的鑄鐵被包覆起來，鐵不接觸空氣和水份所以保養簡單也不會生鏽，可是琺瑯質很嬌貴，要避免使用金屬食器、鋼絲絨去刮傷表面，同樣經不起重摔，平時請注意收納取放。坊間也有專為琺瑯鍋設計的導熱節能版，能幫助導熱、鍋底不接觸火燄能省去刷洗、也能避免愛鍋刮花底部。

Q13 琺瑯鍋適合怎麼樣的火候？

琺瑯鍋天生嬌貴請以小心呵護，不宜高溫燒炭柴火、瓦斯爐也是，請使用文火到中強火，火焰切勿超出鍋面，也不能放進微波爐。

Q14 琺瑯鍋底卡了一片燒焦物怎麼清？

如果連塑製刮刀都難以消除，將鍋內盛水蓋過燒焦物，並加入小蘇打粉靜置泡一夜，隔日應可輕鬆剔除。

Q15 鑄鐵鍋底卡了一片燒焦物怎麼清？

鍋子裡頭放些水並燒開，就能輕鬆清除。或是放點熱水，以菜瓜布或鋼刷稍微刷洗。

Q16 鑄鐵鍋洗完用紙巾怎麼擦拭都黑黑的？

很正常，那是表面油脂、聚合碳化物以及鐵的氧化物，不用擔心影響健康、也別誤認為是鑄鐵鍋沒洗乾淨。

Q17 鑄鐵鍋平時都該如何放置家中、和收納？

上油後除了可放置通風處之外，建議可以墊報紙或烘焙紙於鍋與鍋之間、鍋與蓋之間，並安置在收納袋裏頭，放紙一來可吸附水氣達乾燥效果，二來還可以避免碰撞。

Q18 鑄鐵鍋油油的不會滋生細菌嗎？

相較於琺瑯鍋，鑄鐵表面確實較容易殘餘異物和少量油脂，縱使滋養了部分細菌，不過烹飪溫度高達120~240℃以上，很難會有微生物存活。日常保養建議使用前章節教大家的無患子洗鍋法，可抑制食器細菌與黴菌。

Q19 鍋子明明有保養、也有足夠用油量卻還是沾鍋？

如果撇除油量、熱鍋等問題，那麼極可能是食材沒正常退冰解凍，溫度過低造成鍋面熱漲冷縮而發生沾鍋。

Q20 鍋具使用有哪些要特別注意？

1. 鍋鏟、湯杓、等金屬製品不宜重度敲擊，表面越細緻的鑄鐵鍋越容易留下些微痕跡，建議用木製品。
2. 鑄鐵特性易脆非常怕摔、更怕急速降溫，千萬別空燒熱鍋後馬上沖冷水。
3. 由於鑄鐵表面有細孔除了吸油也會殘留清潔劑，為達健康又無環境汙染，請選用天然清潔用品。
4. 料理燒鍋中請勿讓小朋友、寵物靠近。
5. 鍋具面積勿大過於卡式瓦斯爐，避免發生意外。
6. 未吃完的食物，不要留置鍋中放過夜，請盛裝到其它非鑄鐵食器，避免鐵氧化，食物的味道也會變質。

参考文獻

でいつもの料理をもっとおいしく-今泉久美 著

めっちゃディープな大阪人たち - 天才ものしり王国 編

戶外烤肉大餐 - 太田潤 著

Alicia's Kitchen Style - Daniel Negreira 著

On Food and Cooking - Harold McGee著

傑米奧利佛的歐非美食漫遊 - Jamie Oliver 著

毒物專家絕不買的黑心商品-吳家誠博士 著

完全牛排烹飪全書 - 王永賢 著

聰明選擇健康用油 - 盧映竹營養師 著

中央健康衛生署-健保雙月刊第89期

食用油脂的營養與安全 – 健康雜誌

這樣做菜，營養最高點！– 健康雜誌

Le Creuset新經典料理 - 啟動文化

天然植物保護劑無患子乳劑之農業應用 – 王群光醫師 著

行政院勞工委員會職業訓練局教材

中興大學-肉品加工學〈肉品品質與安全〉

A+醫學百科 本草綱目 - cht.a-hospital.com

今泉久美 - www.imaizumi-kumi.com

BBC知識—科學雜誌2014第35期

alzheimers - www.alz.org

TaiwanWiki - www.twwiki.com

Wikipedia - zh.wikipedia.org、ja.wikipedia.org

LE CREUSET - www.lecreuset.com.tw

Boy Scouts of America - scoutingmagazine.org

Dutch Oven Gear - www.dutchovengear.com

Glogster EDU - www.meilee.edu.glogster.com

daiei - www.daiei.co.jp

熱銷好書推薦

來自日本NHK從日常飲食調理體質的身體大全（全彩圖解）

作者：池上文雄、樫村亞希子、加藤智弘、川俣貴一、松田早苗

日本最具公信力的NHK精心策畫，「零赤字」最高人體健康目標達成計畫！

召集日本知名醫師、藥學博士、營養師聯手編纂，以「營養醫學」為根基，結合全方位的「居家護理自療法」，精準對策易懂易學，適合各種體質，忙人懶人都能輕鬆上手！

以身體部位別查找，對照自我症狀，提出相應的食療補養建議。方便速查。簡單又美味的130道食譜，徹底改善手腳冰冷、腸道環境、高血壓、貧血、骨質疏鬆症、憂鬱症，有效增加肌肉量，提升免疫力以及減肥……

乾薑排寒（暢銷經典版）

作者：石原新菜

狂銷突破20萬部，在日本掀起驚人「乾薑熱潮」的長銷經典！

現代人的文明病，絕大多是「體溫過低」所造成的，舉凡：冷氣空間、職場高壓、熬夜習慣……都會使你體溫下降，引發頭痛、便秘、腹瀉、肥胖、生理痛、憂鬱等症狀，還容易過敏或罹患癌症。

祛濕排寒「食補神藥」，增強免疫力、無副作用，只要利用家中最常見的器具，人人皆可輕鬆完成。書中更對症提供專屬食譜，從主食、飲料到甜點皆有，甚至連外帶料理都能輕鬆入薑，幫你兼顧美味與健康！

百病起於寒（暢銷經典版）

作者：進藤義晴、進藤幸惠

風靡日本40年自療醫學，治頑疾、防未病，養出固本「自癒力」！

年紀漸長的機能退化、生活壓力造成的文明症狀等，各種大病小痛都時時考驗著我們的身體。其實，許多我們找不到原因、久病不癒、百治不得其解的困擾，都來自入侵體內的「寒氣」。

日本排寒療法之父，半身浴與足湯的倡導者「進藤義晴」親授。風靡日本40年的「排寒醫學」自療法，提倡穿多層襪、養成半身浴與足浴等生活習慣，以「頭涼腳暖」為旨，多年來成功治癒各種難治重症，如：氣喘、糖尿病、痛風、洗腎，甚至癌症末期等患者。圖解輔助說明，好讀易懂，去除「毒果」靠自己。

你做的檢查、治療都是必要的嗎？（黃金暢銷版）

小心！過度的醫療行為，反而嚴重傷害你的健康！

作者：江守山

腎臟科醫師的良心建言！不想越醫越病，你一定要看這本書！

健檢最常見的X光檢查，美國竟列危險致癌物？做一次全身斷層掃描，幾乎等於核爆災民承受的輻射劑量？咳嗽、喉痛、發燒、流鼻水……看似救命的感冒藥只是「安慰劑」？

臺灣人平均一年看15次病，是世界第一！然而，盲目的保健與過度的醫療行為，有時非但無助於診斷病情或治療，甚至還可能讓你賠上一輩子的健康！

本書為作者江守山醫師根據自身醫學知識，深入分析眾多醫學研究後，精選12項臺灣民眾最常做的檢查、用藥、治療等相關醫療行為。真實臨床案例X醫療危害X預防與治療建議，還原醫療應有價值，真正保障大眾健康。

特別收錄：45種一般患者不必進行的過度醫療避險清單，業界規範大公開！

方舟出版

感謝您購買《瘋玩鑄鐵鍋——隨便煮煮就好吃，美味秒殺！》

我們相信書的存在是為了產生對話，請讓我們聽到您的聲音。
請回想您和這本書的相識過程，填寫下表後直接郵遞，或使用右方QRcode
線上版盡情填寫，感謝您的參與，期待下次再見！

關於這本書

我是這樣認識這本書的…

□書店 □網路 □報紙 □雜誌 □廣播 □親友 □讀書會 □公司團購
□其實是從＿＿＿＿＿＿＿＿知道的

發現這本書…

□主題有趣 □資訊好用 □設計有質感 □價格可接受
□贈品 / 活動好厲害 □適合送人 □喜歡作者
□＿＿＿＿＿＿＿都推了 **我就決定買他了！**

然後去 □連鎖書店的＿＿＿＿＿＿＿＿ □網路書店的＿＿＿＿＿＿＿＿
□團購 □其他＿＿＿＿＿＿＿＿ 購買，

看完後 5~1 評分的話

書名＿＿＿ 封面＿＿＿ 內容＿＿＿ 排版＿＿＿ 印刷＿＿＿ 價格＿＿＿ 整體＿＿＿
會這麼評是因為＿＿＿＿＿＿＿＿＿＿＿＿＿＿＿＿

關於我

本名＿＿＿＿＿＿＿＿＿＿□男 □女

生日＿＿＿年＿＿＿月＿＿＿日

家住 □□□ ＿＿＿＿市／縣 ＿＿＿＿鄉／鎮／市區 ＿＿＿＿路／街
＿＿＿＿段 ＿＿＿＿巷 ＿＿＿＿弄 ＿＿＿＿號 ＿＿＿＿樓／室

Email ＿＿＿＿＿＿＿＿@＿＿＿＿＿＿＿＿

電話＿＿＿＿＿＿＿＿＿＿＿＿＿＿＿＿

現在 □ 19 歲以下 □ 20~29 歲 □ 30~39 歲 □ 40~49 歲 □ 50~59 歲 □ 60 歲以上

學歷 □國小以下 □國中 □高中職 □大專 □研究所以上

職業 □製造 □財金 □經營 □醫療 □傳播 □藝文 □設計 □餐旅
□營造 □軍公教 □科技 □行銷 □自由 □家管 □學生 □退休
□實不相瞞，我是＿＿＿＿＿＿＿＿

我習慣從＿＿＿＿＿＿＿＿認識好書後，再去＿＿＿＿＿＿＿＿買書。

我最喜歡 □文學小說 □人文科普 □藝術美學 □心靈養身 □商業財經 □史地
□親子共享 □幼兒啟蒙 □圖畫書 □生活娛樂 □具體來說是＿＿＿＿啦！

最後我必須告訴讀書共和國＿＿＿＿＿＿＿＿＿＿＿＿＿＿＿＿

□ 為享有完善客服 & 最新書訊，我同意讀書共和國所屬出版社依個資法妥善保存使用以上個人資料

廣 告 回 信
臺灣北區郵政管理局登記證
第 1 4 4 3 7 號

請直接投郵，郵資由本公司負擔

沿虛線剪下

23141
新北市新店區民權路108-2號9樓
遠足文化事業股份有限公司　收

請沿虛線對折裝訂後寄回，謝謝！

方舟出版

生活方舟 0ALF 6011

瘋玩鑄鐵鍋（暢銷經典版）

隨便煮煮就好吃，美味秒殺！

國家圖書館出版品預行編目(CIP)資料

瘋玩鑄鐵鍋 : 隨便煮煮就好吃,美味秒殺! / 范家
崧(SungKing)著. -- 三版. -- 新北市 : 方舟
文化出版 : 遠足文化事業股份有限公司發行,
2021.12
面 ; 公分. --(生活方舟 ; 6011)
ISBN 978-626-95006-7-3(平裝)

1.食物容器 2.鍋

427.9 110017091

作者　范家菘
封面設計　mollychang.cagw.
內頁設計　讀力設計
插畫　林家棟
攝影　王正毅、廖家威
主編　陳毓葳
總編輯　林淑雯

讀書共和國出版集團
社長　郭重興
發行人兼出版總監　曾大福
業務平臺總經理　李雪麗
業務平臺副總經理　李復民
實體通路協理　林詩富
網路暨海外通路協理　張鑫峰
特販通路協理　陳綺瑩
實體通路經理　陳志峰
印務部　江域平、黃禮賢、李孟儒、林文義

出版者　方舟文化／遠足文化事業股份有限公司
發行　遠足文化事業股份有限公司
231 台北縣新店市民權路108-2號9樓
電話（02）2218-1417　傳真（02）8667-1851
劃撥帳號 19504465　戶名 遠足文化事業股份有限公司
客服專線　0800-221-029
E-MAIL　service@bookrep.com.tw
網站　http://www.bookrep.com.tw/newsino/index.asp

印製　通南彩印股份有限公司　電話（02）2221-3532
法律顧問　華洋法律事務所 蘇文生律師
定價　420元
初版一刷　2014年10月
三版一刷　2021年12月

特別感謝／拍攝協力、部份圖片提供
Snow Peak、Magic、Le Creuset、Staub、登山樂、戶外 桃園逢甲店、顏氏牧場、偉盟國際、大豐企業、大古鐵器、 楊珮玟、謝曜同、林仁祥

瘋玩鑄鐵鍋【暢銷經典版】

隨便煮煮就好吃，美味秒殺！

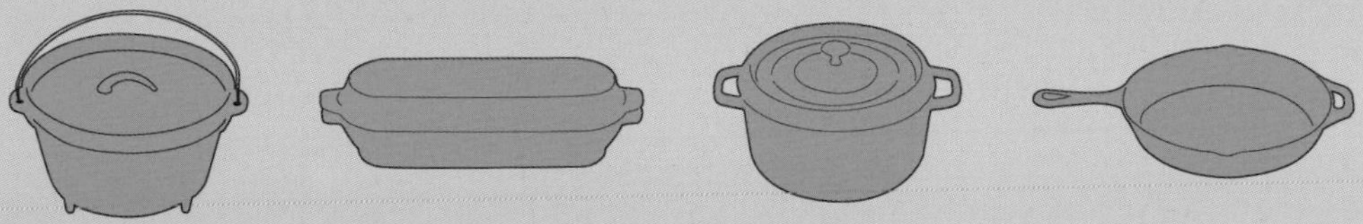

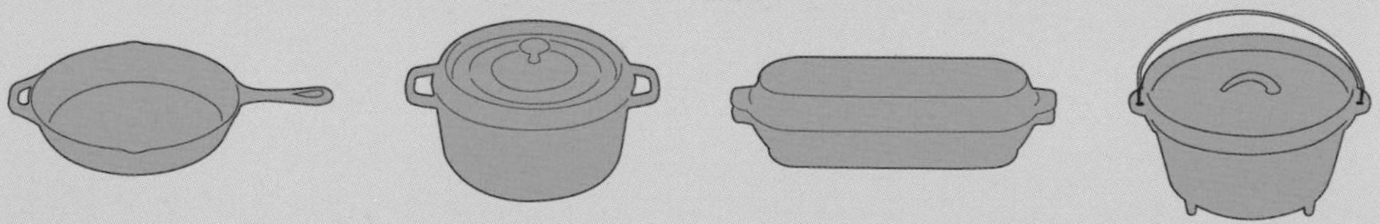